瞬态物理场阵列化探测成像方法

李剑 著

清华大学出版社

北京

内容简介

本书围绕爆炸中震动、冲击、声等瞬态物理"场"测试的新理论、新方法,聚焦特殊及恶劣环境下的多模态信息获取、大动态宽频谱条件下多谱信息融合成像、三维动态高分辨率图像重建及可视化、轻量型小样本网络异常目标识别等"场"测量过程中关键科学问题,重点介绍了震动场、冲击波场、声场等物理场反演成像中,从阵列化信息探测、获取、传输以及目标提取、识别、建模、成像、定位和评价等全过程的相关基础知识和最新进展,以及作者在该领域从事的课题和主要成果。具体包括6章内容:第1章介绍瞬态物理场中震动波、冲击波和声波等物理信信相关波动理论;第2章介绍瞬态物理场分布式信息获取系统设计方法;第3章介绍阵列化信号预处理及特征参数提取方法;第4章介绍瞬态震动场逆时成像方法;第5章介绍瞬态冲击波场时空重建方法;第6章介绍瞬态声场成像及智能识别方法。

本书可作为从事信息探测与处理、图像处理与计算成像、智能感知与处理等领域研究人员及工程技术人员的参考资料。

图书在版编目(CIP)数据

瞬态物理场阵列化探测成像方法/李剑著.—北京:清华大学出版社,2024.2
ISBN 978-7-302-65528-2

Ⅰ.①瞬… Ⅱ.①李… Ⅲ.①成像—方法 Ⅳ.①O435.2

中国国家版本馆 CIP 数据核字(2024)第 045204 号

责任编辑:赵 凯
封面设计:刘 键
责任校对:王勤勤
责任印制:刘海龙

出版发行:清华大学出版社
　　　网　　址:https://www.tup.com.cn,https://www.wqxuetang.com
　　　地　　址:北京清华大学学研大厦 A 座　　　邮　　编:100084
　　　社 总 机:010-83470000　　　邮　　购:010-62786544
　　　投稿与读者服务:010-62776969,c-service@tup.tsinghua.edu.cn
　　　质量反馈:010-62772015,zhiliang@tup.tsinghua.edu.cn
　　　课件下载:https://www.tup.com.cn,010-83470236
印 装 者:三河市科茂嘉荣印务有限公司
经　　销:全国新华书店
开　　本:170mm×230mm　　印　　张:12.5　　　字　　数:211 千字
版　　次:2024 年 3 月第 1 版　　印　　次:2024 年 3 月第 1 次印刷
印　　数:1~1000
定　　价:89.00 元

产品编号:103692-01

FOREWORD

随着高端装备智能制造、武器装备智能化、数字医疗装备、人工智能等国家、国防及各省(自治区、直辖市)"十四五"发展规划的推出,多维信息探测与重建实现了跨越式发展。现有信息感知技术对于震动、压强、声波、应力等众多物理信号的测试仍以点、线模式体现,导致无法直观再现测试环境以及测试场的分布,极易导致判断主观化和片面化。其次,对于目前的直接二维成像模式,所获得的信息无法全面覆盖波长信息、方向信息、深度信息等全光函数,导致流场、温度场、光场、冲击波场等部分物理场信息不可测,无法实现一些特异目标的有效识别。针对此问题,本书结合非规则阵列探测、全聚焦反演成像方法以及深度/迁移学习的轻量化优势,开展了震动波、冲击波、声波等多模多维阵列化"场"测量的新理论新方法研究,形成了震动、冲击和声等多物理参量信息的获取、传输、处理、反演以及系统和工程化全过程的技术体系和方法,突破从点测试向场测试的跨越,满足我国智慧城市、智慧医疗、装备检测和物联网、大数据等新兴信息产业升级的发展需求。

本书总结了作者和团队近5年的研究成果,介绍了震动场、冲击波场和声场反演成像中,从阵列化信息探测、获取、传输以及目标提取、识别、建模、成像、定位和评价等全过程的相关基础知识和最新进展。全书共6章,第1章介绍冲击、震动、声音等瞬态物理场相关波动理论;第2章介绍阵列化多模信息获取系统的硬件设计方法,对信息传感模块、震动参数数据获取模块、片上滤波器、参数提取器、状态转换机进行了详细阐述;第3章介绍阵列化信号数据一致性及有效性评价、信号预处理以及初至波到时、极化角度等特征参数提取方法;第4章介绍瞬态震动场逆时成像方法,并对速度场建模、能量场逆时重建算法进行了详细介绍,从爆炸震动波波速特征、介质弹性特征、介质密度和复杂性的角度,探讨了地下空间的成像效果;第5章介绍瞬态冲击波场时空重建算法,以走时层析为理论基础,建立了三维各向异性场的射线追踪模型,稀疏矩阵求解模型;第 6 章介绍瞬态声场成像及智能识别方法,采用轻量化网络及硬件加速技术,实现了瞬态声源识别。

本书的出版得到了国家自然科学基金青年科学基金(NO.61901419)、国家自然科学基金面上科学基金(NO.62271453)、国防基础加强技术领域基金等项目支持,同时感谢郭锦铭、孙袖山、孙泽鹏、庞珂、刘晓佳、郭陈莉、张鑫、刘瑞等硕士为本书提供了重要素材。

由于作者水平有限,而且该领域不断发展,书中难免存在遗漏和不当之处,敬请专家、学者批评指正。

著 者

2024 年 1 月

CONTENTS

第 1 章

瞬态物理场相关理论

1.1　课题研究背景和意义

随着高端装备智能制造、武器装备智能化、数字医疗装备、人工智能等国家、国防及各省(自治区、直辖市)"十四五"发展规划的推出,多维信息探测与重建实现了跨越式发展。现有信息感知技术只有多光谱成像、超声 B/C 扫描、射线 DR/CT 等实现了可视化成像检测,而对于温度、压强、声波、应力等众多物理信号的测试仍以点、线模式体现,导致空爆/地爆/水中爆炸、武器装备在线诊断等,无法直观再现测试环境以及测试场的分布,极易导致判断主观化和片面化。其次,对于目前的直接二维成像模式,所获得的信息无法全面覆盖波长信息、方向信息、深度信息等全光函数,导致流场、温度场、光场、冲击波场等部分物理场信息不可测,无法实现对一些特异目标的有效识别。比如,在爆炸测试领域,在公开报道中 Mills 用相似理论及数值模拟相结合的方法得到了 TNT 爆炸冲击波超压峰值公式,形成了爆炸场威力参数分布规律,但未对爆炸冲击波、温度等多模多维时-空场进行动态反演重建,从而无法全面评估弹药爆炸全过程的毁伤威力;在装备健康诊断领域,装备结构复杂性及先进物理性能极大地推动着装备维护保障新理念的变革,传统单模传感测试技术无法准确感知目标的多维物理特征参数,有待于通过振动、噪声、温度、运行状态等多源特征参数融合技术的突破,实现装备健康评估的早期诊断和精确诊断。可见,多维信息探测与物理场成像技术逐渐由单物理场反演重建转向声、光(可见光、红外、射线)、电、磁等多物理场参量融合反演重建,由直观内测成像转向相关信息量外测成像,由单谱三维成像转向多能谱时空场动态成像。

因此,本书重点围绕智能化信息处理与重建、多物理时空场信息融合、动态物理场计算成像等国际研究热点,聚焦爆炸中地下震动场、空中冲击波场、空中声场等瞬态物理场探测成像的新理论新方法,介绍了特殊及恶劣环境下的多模态信息获取、大动态宽频谱条件下多谱信息融合成像、三维动态高分辨率计算成像及可视化、轻量型小样本网络异常目标检测等本领域关键科学问题的解决方法。

1.2　瞬态物理场波动理论

1.2.1　地下震动场动力学特性分析

当药包爆炸时,产生的应力波和冲击波会形成粉碎圈和破裂圈,对周围一定区域内的介质造成损毁。应力波穿过破碎圈之后会迅速衰减,只产生向外传播的弹性波,这种弹性波会像自然地震一样,在一定范围内造成介质质点的震动,因此又称为爆破地震波。

爆破地震波的研究可划分为产生区、传播区、声传播区以及记录场地四个物理区域。药包在预设位置引爆时,爆炸所产生的应力波会携带不同能量以不同的形式在介质中传播,如图 1-1 所示。在爆炸近区,以冲击波的形式向远处传播,携带能量占爆炸总能量的 60% 以上;在爆炸中区,冲击波衰减成为应力波,波携带的能量下降,占到总能量 30% 以上;在爆炸远区,爆破地震波以弹性波的形式传播,此时携带的能量仅为总能量的 10% 左右。

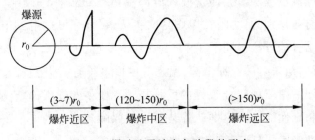

图 1-1　爆破地震波在各阶段的形态

近地表爆炸时形成的震动波如图 1-2 所示,震动波可以认为是由两个波源产生的。第一个波源,是爆炸腔扩张运动产生的、由爆炸源向外扩散传播的球形,主要包括 P 波和 S 波两种。第二个波源,是岩土的鼓包运动,该波源产生 N 波、S 波、表面波三种波,其中,表面波主要分为瑞利波(简称 R 波)和勒夫波(简称 L 波)两种形式。本书主要针对地下爆炸近区产生的实体波,即 P、S 波混叠信号进行研究。

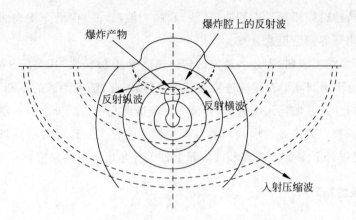

图 1-2　近地表爆炸时震动波形成示意图

　　震动信号是由许多频率和振幅不同的简谐振动所合成的复杂的复合振动。震动波传播特性见图 1-3。

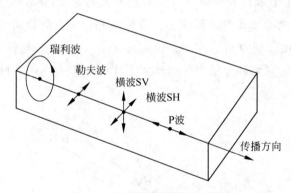

图 1-3　震动波传播特性示意图

　　P 波：P 代表"主要"(primary)或"压缩"(pressure)，所以 P 波又称压缩波、疏密波或无旋波。P 波纵向运动，其运动方向与波的传播方向一致，且振幅小、周期短。P 波的传播速度在所有地震波中是最快的，且 P 波在固体介质、液体介质与气体介质中均可传播。

　　S 波：S 指"次要"(secondary)或"剪切"(shear)，因此 S 波又称为等体积波、旋转波或剪切波。S 波的波速比 P 波要慢，其运动方向与波的传播方向垂直，且周期较长、振幅较大，但只能在固体介质中传播。

　　瑞利波：简称 R 波，波形具有高幅振荡特性。其初始运动方向几乎接近于竖直方向,但持续时间很短。瑞利波(R 波)和勒夫波(L 波)仅沿介质表面或分界面传播,一旦离开界面会迅速衰减。

大量研究结果表明,上述各种波的传播速度中,P 波最快,其次是 S 波和 R 波,L 波最慢,由于不同波形在传播速度上存在差异,因此,随着距离的不断增加,当传播距离足够远时,在波场远场区域,体波与面波能够实现自然分离。在震源近场区域,震动波一般以冲击波的形式传播。本书相关内容主要针对震动近场波形混叠的复杂情况进行 P、S 波场分离和波阵面 P 波偏振角度提取的研究。

1. P 波传播规律

由于直达 P 波偏振特性好,且直达 P 波的运动方向与信号一致,因此直达 P 波的偏振角度信息可以表征信号的主运动。本书主要以直达 P 波作为研究对象,以下是对 P 波在地下介质中传播特性的介绍。

图 1-4 描述了 P 波在分界面 X 上的反射和透射现象,该界面为介质 a 和介质 b 的分界面,该界面的法线用 Z 轴表示。介质 a 和介质 b 的介质密度与 P、S 波在介质中的传播速度分别为 ρ_1、v_{p1}、v_{s1} 和 ρ_2、v_{p2}、v_{s2}。设 P 波与介质分界面的入射角度为 α,P 波在 a、b 两种介质中分别产生反射 P 波、反射 SV 波和透射 P 波、透射 SV 波。

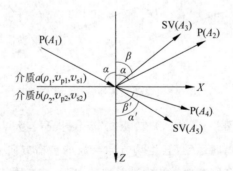

图 1-4　P 波在分界面的传播路径

假设反射 P 波和反射 SV 波的反射角分别为 α、β,透射 P 波和透射 SV 波的透射角分别为 α'、β',那么可以得到各种波的位移函数(φ)表达式如下所示。

入射 P 波
$$\varphi^{(1)} = A_1 e^{j(\omega t - k_x^{(p1)}x - k_z^{(p1)}z)} \tag{1-1}$$

反射 P 波
$$\varphi^{(2)} = A_2 e^{j(\omega t - k_x^{(p1)}x + k_z^{(p1)}z)} \tag{1-2}$$

反射 SV 波　　　　　　$\varphi^{(3)} = A_3 e^{j(\omega t - k_x^{(s1)}x + k_z^{(s1)}z)}$　　　　　(1-3)

透射 P 波　　　　　　$\varphi^{(4)} = A_4 e^{j(\omega t - k_x^{(p2)}x - k_z^{(p2)}z)}$　　　　　(1-4)

透射 SV 波　　　　　　$\varphi^{(5)} = A_5 e^{j(\omega t - k_x^{(s2)}x - k_z^{(s2)}z)}$　　　　　(1-5)

式中，$k_x^{(p1)} = \dfrac{\omega}{v_{p1}}\sin\alpha$，$k_x^{(p2)} = \dfrac{\omega}{v_{p2}}\sin\alpha'$，$k_x^{(s1)} = \dfrac{\omega}{v_{s1}}\sin\beta$，$k_x^{(s2)} = \dfrac{\omega}{v_{p2}}\sin\beta'$，$k_z^{(p1)} = \dfrac{\omega}{v_{p1}}$

$\cos\alpha$，$k_z^{(p2)} = \dfrac{\omega}{v_{p2}}\cos\alpha'$，$k_z^{(s1)} = \dfrac{\omega}{v_{s1}}\cos\beta$，$k_z^{(s2)} = \dfrac{\omega}{v_{s2}}\cos\beta'$。

由于入射波、反射波和透射波都满足 Snell 定律，因此对应的关系式如下：

$$\frac{\sin\alpha}{v_{p1}} = \frac{\sin\beta}{v_{s1}} = \frac{\sin\alpha'}{v_{p2}} = \frac{\sin\beta'}{v_{s2}} \qquad (1\text{-}6)$$

弹性分界面上波的能量分配方程可根据位移和应力连续的条件得到，此方程组被称为诺特(Knott)方程：

$$\begin{cases} \sin\alpha\, \dfrac{A_2}{A_1} + \dfrac{v_{p1}}{v_{s1}}\cos\beta\, \dfrac{A_3}{A_1} - \dfrac{v_{p1}}{v_{p2}}\sin\alpha'\, \dfrac{A_4}{A_1} + \dfrac{v_{p1}}{v_{s2}}\cos\beta'\, \dfrac{A_5}{A_1} = -\sin\alpha \\[2mm] \cos\alpha\, \dfrac{A_2}{A_1} - \dfrac{v_{p1}}{v_{s1}}\sin\beta\, \dfrac{A_3}{A_1} + \dfrac{v_{p1}}{v_{p2}}\cos\alpha'\, \dfrac{A_4}{A_1} + \dfrac{v_{p1}}{v_{s2}}\sin\beta'\, \dfrac{A_5}{A_1} = \cos\alpha \\[2mm] \cos2\beta\, \dfrac{A_2}{A_1} - \sin2\beta\, \dfrac{A_3}{A_1} - \dfrac{\rho_2}{\rho_1}\cos2\beta'\, \dfrac{A_4}{A_1} - \dfrac{\rho_2}{\rho_1}\sin2\beta'\, \dfrac{A_5}{A_1} = -\cos2\beta \\[2mm] \dfrac{v_{s1}^2}{v_{p1}^2}\sin2\alpha\, \dfrac{A_2}{A_1} + \cos2\beta\, \dfrac{A_3}{A_1} + \dfrac{\rho_2 v_{s2}^2}{\rho_1 v_{p2}^2}\sin2\alpha'\, \dfrac{A_4}{A_1} - \dfrac{\rho_2}{\rho_1}\cos2\beta'\, \dfrac{A_5}{A_1} = \dfrac{v_{s2}}{v_{p1}}T_{PS} \end{cases} \qquad (1\text{-}7)$$

$$\frac{A_2}{A_1} = R_{PP}, \qquad \frac{A_3}{A_1} = \frac{v_{s1}}{v_{p1}}R_{PS}, \qquad \frac{A_4}{A_1} = \frac{v_{p2}}{v_{p1}}T_{PP}, \qquad \frac{A_5}{A_1} = \frac{v_{s2}}{v_{p1}}T_{PS}$$

上述关系式分别代表反射 P 波、S 波的位移反射系数，透射 P 波、S 波的位移透射系数。将该关系式代入诺特方程，可以得到两种位移系数所满足的方程，该方程的矩阵形式见式(1-8)。

$$\begin{bmatrix} \sin\alpha & \cos\beta & \sin\alpha' & \cos\beta' \\[2mm] \cos\alpha & -\sin\beta & \cos\alpha' & \sin\beta' \\[2mm] \cos2\beta & -\dfrac{v_{s1}}{v_{p1}}\sin2\alpha & \dfrac{\rho_2 v_{s2}}{\rho_1 v_{s1}}\cos2\alpha & +\dfrac{\rho_2 v_{s2}}{\rho_1 v_{p1}}\sin2\beta' \\[2mm] \sin2\alpha & \dfrac{v_{p1}}{v_{s1}}\cos2\beta & \dfrac{\rho_2 v_{s2}^2 v_{p1}}{\rho_1 v_{s1}^2 v_{p2}}\cos2\alpha' & \dfrac{\rho_2 v_{s2} v_{p1}}{\rho_1 v_{s1}^2}\cos2\beta' \end{bmatrix} \begin{bmatrix} R_{PP} \\[2mm] R_{PS} \\[2mm] T_{PP} \\[2mm] T_{PS} \end{bmatrix} = \begin{bmatrix} -\sin\alpha \\[2mm] \cos\alpha \\[2mm] -\cos2\beta \\[2mm] \sin2\alpha \end{bmatrix}$$

$$(1\text{-}8)$$

上述方程组被称为佐普利兹（Zoeppritz）方程，根据该方程组求解结果，可以得到两种位移系数对应的关系式，并根据方程得出，两种位移系数可以由入射角和介质的参数来决定。当 P 波垂直入射平面，即入射角为零时，解该佐普利兹方程可以得到 R^X，则

$$R_{PP} = \frac{\rho_2 v_{p2} - \rho_1 v_{p1}}{\rho_2 v_{p2} + \rho_1 v_{p1}} \tag{1-9}$$

$$R_{PS} = 0 \tag{1-10}$$

$$T_{PP} = \frac{2\rho_1 v_{p1}}{\rho_2 v_{p2} + \rho_1 v_{p1}} \tag{1-11}$$

$$T_{PS} = 0 \tag{1-12}$$

从式(1-12)可以得出，当 P 波垂直入射时，只能产生反射 P 波和透射 P 波，不能产生转换波。当 $T_{PP} > 0$ 时，φ 的值受上、下介质的弹性参数影响，可以大于零或小于零；若 $\rho_2 v_2 < \rho_1 v_1$，则 φ 小于零，此时存在半波损失，质点振动有相位延迟，延迟量为 π；如果 $\rho_2 v_2 \approx \rho_1 v_1$，则无法通过反射地震波法观测到反射信息，往往会造成两个界面信息的不一致；假如 $\rho_2 v_2 \gg \rho_1 v_1$，则产生强反射现象。当 T_{PP} 趋于 0 时，说明透射能量微弱，在这种情况下很难观测出其下部介质的信息，此时该层被称为高阻屏蔽层。

2．P 波时距曲线特性

接着再介绍 P 波传播时间与距离所产生曲线的特性，如图 1-5 所示，图中界面为水平单层，反射 P 波的射线路径如图所示，其中，S 代表爆炸点位置，G 表示传感器接收点的位置。P-P 波传播时 t_p 通过以下形式定义：

$$t_p = t_{p0} \sqrt{1 + \frac{x^2}{4h^2}} \tag{1-13}$$

式中，h 代表界面的深度；x 表示爆炸点与接收点的距离，可称为炮检距；$t_{p0} = \frac{2h}{v_p}$ 为零炮检距时的双程旅行时间，v_p 是 P-P 波的速度。观察式(1-13)，可以看出时距曲线的传播形态为双曲线形式。

把式(1-13)通过泰勒级数展开，得到如下公式：

$$t_p = t_{p0} \left\{ 1 + \frac{1}{2} \left(\frac{x}{v_p t_{p0}} \right)^2 - \frac{1}{8} \left(\frac{x}{v_p t_{p0}} \right)^4 + \cdots \right\} \tag{1-14}$$

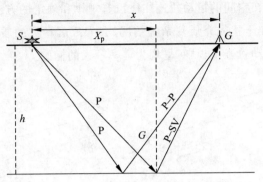

图 1-5　反射 P 波射线路径示意图

舍去式(1-14)中的高阶项,可以得出 P-P 波的时距曲线关系,如下所示:

$$t_{\mathrm{p}} = t_{\mathrm{p}0} + \frac{x^2}{2v_{\mathrm{p}}^2 t_{\mathrm{p}0}} \qquad (1\text{-}15)$$

从式(1-15)可以看出,此时时距曲线方程呈现抛物线形态。

由式(1-13)可以看出,P 波时距曲线方程可由双曲线方程表示。同时,由式(1-15)可以看出,双曲线的 P 波可由抛物线方程来表示传播规律,即 P 波时距曲线方程可由抛物线方程来代替。一般在实际地震资料处理时同相轴形态为双曲线,可以通过抛物线形式替换。

3. 震动波场 P 波偏振特性

不同类型的波,其质点振动的轨迹不同,因此具有的偏振特性也不同。波的偏振特性也被称为波的极化特性,该特性是对波场时空特征的有效描述。震动波通过质点的空间运动轨迹,来记录介质质点的振动,即震动波的偏振。质点的振动轨迹包含两个特征:形状和方向,一般情况下,波形的选择常以这两个特性为根据。对震动波进行偏振特性分析,主要目的是获取震动波场信号中的空间偏振特性以及相关的极化特征参数。

直达 P 波偏振特性好,且运动方向与信号传播方向一致,其偏振角度信息可以有效表征信号的主运动方向,是本节研究的重点。各种震动波在地下介质传播过程中的质点振动示意图如图 1-6 所示。其中,P 波质点振动方向与信号传播方向一致,S 波质点振动方向和信号传播方向垂直,SV 波质点在铅垂面振动,SH 波质点在水平面振动。瑞利波质点在铅垂面振动,运动轨迹呈椭圆,勒夫波属于水平极化波。随机噪音质点在空间的运动轨迹往往没有规律和确定的方向。在实际地震资料处理中,如果存在干扰或介质复杂等情况,会导致震动波的质点振动更为复杂,这种情况下体波运动轨迹不规则,呈现为扁率较大的椭圆。

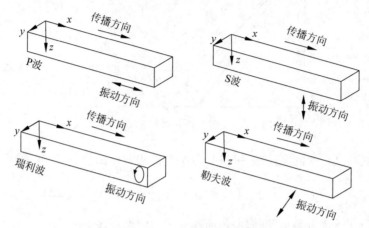

图 1-6　震动波在介质中的极化特征

　　实际采集到的震动波是不同类型、不同极化特性的震动波相互干涉和叠加的结果,极化分析就是一种基于震动波极化特性的信号处理方法,通过获取各种类型震动波的极化属性来简化数据处理的过程。极化分析作为一种有效的信号处理方法,能够分析提取震动波极化参数,并且利用极化度和极化方向来简化信息的提取,实现特定波形的识别、分离以及信号噪声的压制,提高震动信号的信噪比,为后期数据的处理提供便利,还可以通过对不同类型波形的极化特性了解和分析,加深对地球本体或地下介质信息的认识。极化分析使多波震相识别等许多信号处理方面的工作都取得了较为良好的效果,该项研究对于多分量震动的理论基础研究和实际应用都有着深远的意义和价值。

　　在混叠信号中,P波运动方向与信号主运动方向一致,因此P波的极化角度可以有效地表征信号的运动方向。震源近场由于波形混叠严重,信号情况复杂,很难直接准确获取P波阵列的偏振角度信息。

1.2.2　空中冲击波传播特性

　　爆炸是指炸药在瞬时时间内释放物理能量或化学能量的过程。当炸药在空气中爆炸时,会产生高温、高压气体,由于发生爆炸前的环境压力较低,而爆炸产物在短时间内会迅速膨胀,对空气造成强烈的压缩,导致周围的气压下降、温度升高,还伴随着巨大能量的释放,并且以机械能和热能的形式从爆炸点向外传播,在空气中形成冲击波。

爆炸发生时,炸药和波阵面之间的压强远大于相邻空气的压强,从而使爆炸后的爆炸产物对空气进行压缩。随着冲击波在空气中不断传播,能量在不断传递与消耗,在爆炸产物达到一定程度时不能继续对空气压缩,此时其内部的压力逐渐下降,直至达到周围空气的初始压力值。而由于惯性作用,爆炸产物继续向四周膨胀,直到形成负压区,此时相邻空气介质的压力高于爆炸产物内部的压力,空气对爆炸产物产生反作用力,并对其进行压缩,使其内部中心压力逐渐回升,形成了在一定时间内持续性的循环往复的膨胀-压缩运动,直至冲击波产生的作用力消散,最终达到环境压力与爆炸产物之间相平衡的状态。

在发生爆炸后,冲击波的波阵面以球面状的形式在空中传播。在传播过程中,冲击波波阵面到达测试点时的压力分布示意图如图1-7所示。图中1表示传感器测试点,当冲击波经过测试点1时,此处的压力值由空气介质未经扰动时的初始压力 p_0 突跃成 p,此时该点的超压峰值表示为 $(p-p_0)$;2表示爆炸产物向相邻空气介质产生压缩作用的区域,即压缩区;3表示爆炸产物内部的压力低于相邻空气介质压力的区域,即负压区;4表示冲击波波阵面;5表示爆炸中心点。

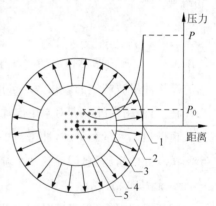

图1-7 冲击波压力分布示意图

在爆炸初始,产生的冲击波超压在短时间内会达到一个峰值。研究表明,炸药爆炸产生的冲击波带来的毁伤效果会随着传播距离的增加而不断下降,且冲击波能起到主要毁伤作用的是其第一次压缩-膨胀过程,因此主要对此过程的规律及参数进行分析和研究。

爆炸产生的冲击波在空气中的传播规律如图1-8所示,图中是冲击波在不同测试点处 R_1、R_2、R_3($R_1 < R_2 < R_3$)的超压值随时间的变化曲线,表现了冲击波超压的衰减规律。从图中可以看出,当冲击波先后在 t_1、t_2、t_3 时刻($t_1 < t_2 < t_3$)到达 R_1、R_2、R_3 测试点,冲击波超压值迅速突跃,此时的峰值为 p_m,而且空中爆炸

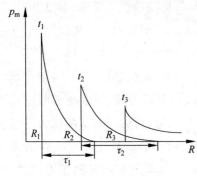

图 1-8　冲击波传播规律

冲击波的超压-时间波形呈指数衰减。由于冲击波的波阵面以超声速传播,但冲击波正压区的尾部以声速传播,两者之间存在较大的速度差,且单位面积上的能量也在逐渐减少,因此随着传播距离的增大,冲击波正压区沿传播方向不断扩大,即 $\tau_2 > \tau_1$,与此同时,冲击波的超压值、速度等参数的衰减速度也在逐渐降低。

一般情况下,若炸药的当量与爆炸点在空中的高度的比值符合式(1-16)时,可视为炸药是在无限空间内爆炸,此时冲击波的传播特性与无限空间中爆炸的传播特性类似。

$$\frac{H}{\sqrt[3]{W}} \geqslant 0.35 \tag{1-16}$$

式中,H 为爆炸点距离地面的高度(单位:m);W 为 TNT 当量(单位:kg)。

爆炸冲击波产生的毁伤效应可用超压峰值、正压作用时间、比冲量等特征参数来评估,目前国内外学者对空中爆炸已有大量的研究,对这些特征参数相关的经验公式也做出了大量总结,将冲击波的速度与冲击波的到时信息相结合可以得到各个测试点处的超压值,因此这两个辅助参数也有较大的研究价值。

1)超压峰值

超压峰值,顾名思义就是冲击波的超压值在整个爆炸过程中发生突变达到的峰值,实质上是波阵面上的超压峰值 p 与环境初始压力 p_0 的差值,即 $p_m = p - p_0$。该参数是衡量爆炸毁伤威力的重要参数之一,在其他条件相同的情况下,爆炸能量越高,冲击波的超压峰值也越大。

2)正压作用时间

正压作用时间 τ_+ 也是评估爆炸毁伤威力的重要参数之一。正压作用时间是指在一定区域内,超过某个阈值的压力从出现到消失的时间。当炸药在空中爆炸时,其计算公式为

$$\tau_+ = 1.5 \times 10^{-3} \cdot \sqrt{r} \cdot \sqrt[6]{W} \tag{1-17}$$

3）比冲量

比冲量是指在爆炸发生时冲击波气浪的总质量与推进速度,其大小是由冲击波超压 Δp 和正压作用时间 τ_+ 直接决定的,即比冲量是冲击波超压在正压作用时间上的积分,具体计算公式如式(1-18)所示:

$$I = \int_{t_0}^{t_0+\tau_+} [p(t) - p_0] \mathrm{d}t \tag{1-18}$$

式中,τ_+ 为正压作用时间;$p(t)$ 为超压随时间变化的函数;p_0 为环境介质初始压力。

4）超压-时间衰减模型

冲击波超压随时间变化的规律呈指数衰减趋势,理想爆炸冲击波压力-时间曲线可通过 Friedlander 经验方程得出,公式如下:

$$p(t) = p_0 + p_\mathrm{m}\left(1 - \frac{t}{\tau_+}\right)\mathrm{e}^{\frac{-at}{\tau_+}} \tag{1-19}$$

其中,衰减系数 a 由超压峰值 p 与正压作用时间 τ_+ 确定:

$$a = \begin{cases} 0.5 + \Delta p, & \Delta p \leqslant 1 \\ 0.5 + \Delta p\left[1.1 - (0.13 + 0.2\Delta p)\dfrac{t}{\tau_+}\right], & 1 < \Delta p < 3 \end{cases} \tag{1-20}$$

1.2.3　空中声场传播特性分析

1. 声波的产生与传播

声音来自物体的振动,而对于声音的源头,人们称之为声源。声源发生振动时,声源附近的空气也会随之运动,这种运动通过空气发散的过程,即为声波。当声波在空气介质中传播时,属于纵波。声波在空气中通过每个相邻质点之间能量的传递而传播的方式,是基于动量原理的。

如图 1-9 所示,声波传播时,邻近空气会在声波作用下,先收缩后膨胀,这样不断地进行周期性的变化,形成了声波在空气中的传播。

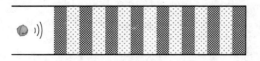

图 1-9　声波在空气中的传播

2.声波在传播中的衰减

声波在空气中的传播会导致声波能量发生衰减。声波衰减主要有两种情况，声波能量随着传播距离扩大引起的衰减和空气吸收声波能量引起的衰减,总衰减值是各种衰减的叠加。

1) 距离衰减

声波传播时会产生发散,以声源为中心,认为声波传播方向是球面对称的,则声强 I 与声功率 W 之间存在如下关系:

$$I = \frac{W}{S} = \frac{W}{4\pi r^2} \tag{1-21}$$

式中, r 为接收处与声源间的距离。

当声源只向半空间辐射声波时,对于半空间接收点处有

$$I = \frac{W}{S} = \frac{W}{2\pi r^2} \tag{1-22}$$

从上式可以看出,声强 I 与距离平方 (r^2) 为反比关系。

使用声压级来表示时,距离声源 r 处的声压可表示为

全空间中　　　　　$L_1 = L_W - 20\lg r - 11(\mathrm{dB})$ 　　(1-23)

半空间中　　　　　$L_1 = L_W - 20\lg r - 8(\mathrm{dB})$ 　　(1-24)

因此,声波从距离 r_1 传播到距离 r_2 的发散衰减为

$$A_\mathrm{d} = 20\lg \frac{r_2}{r_1} \tag{1-25}$$

2) 空气吸收衰减

空气对声波存在黏滞性,在空气压缩扩张过程中,基于热传导原理,声能量会以热能形式发生消耗。另外,若声波固有频率与空气分子固有频率比较接近,也会使得声能量衰减。

在 20℃时,设声传播距离为 d ,空气吸收衰减可以用以下公式计算:

$$A_\mathrm{a} = 7.4 \frac{f^2 d}{\varphi} \times 10^{-8} \tag{1-26}$$

式中, φ 表示相对湿度。

在温度不同时,需要用另一种方式计算。设 ΔT 是与 20℃相差的摄氏温度,可以用下式来计算空气吸收衰减:

$$A_a(T,\varphi)=\frac{A_a(20℃,\varphi)}{1+\beta\Delta Tf}\times10^{-8} \tag{1-27}$$

其中，$\beta=4\times10^{-6}$。从式(1-27)中得到，在低频段，各阶段位置处的温度变化对空气吸收衰减影响不大，同时也可以得到这样一个结论：声波频率越高，空气吸收衰减越大。因此，往往声波的高频信息损失较大。

3）远场模型

按照声源与声阵列距离的远近，声场模型分为近场模型和远场模型。远场模型和近场模型的区别如表1-1所示。

表 1-1　远场模型和近场模型的区别

声场模型	阵列中各个探头接收的声源信号角度	采用的信号模型
远场模型	较接近	平面波模型
近场模型	差异很大	球面波等效模型

设一维线性阵列相邻阵元之间的距离为 d，阵元个数为 M，声源的最小波长为 λ_{min}，如图 1-10 所示。

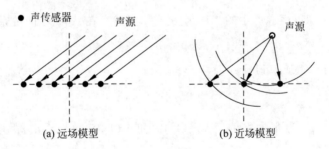

图 1-10　远场模型与近场模型

区分声场模型使用式(1-28)：

$$r\leqslant\frac{2d^2}{\lambda} \tag{1-28}$$

式中，r 为声源到参考传感器的距离；d 为阵列有效长度；λ 为信号的波长。

由式(1-28)所示，若 r 大于 $\frac{2d^2}{\lambda_{min}}$，为远场模型，否则为近场模型。

本书处理的声源频率在 20Hz~20kHz，故声源最小波长为 17×10^{-3} m；本书采用麦克风微阵列，阵列孔径 d 不超过 0.1m，则 $\frac{2d^2}{\lambda_{min}}=1.18$ m。而本书中声源与阵列中心的距离在 10m 以上,因此本书研究的是远场模型,远场模型中声波传递方式为平面波,幅度差可忽略,各接收信号之间是简单的时延关系。

4) 平面波模型

当声波传播的方向仅仅是单一方向,而在其他方向振幅和相位都没有差别时,其波阵面为平面,称为平面波。其波动方程为

$$\frac{\partial^2 p}{\partial x^2} = \frac{1}{c^2}\frac{\partial^2 p}{\partial t^2} \tag{1-29}$$

式中,p 为声压,c 为声速,t 为时间。

式(1-29)的一般解为

$$p(t,x) = A\mathrm{e}^{\mathrm{j}(\omega t - kx)} + B\mathrm{e}^{\mathrm{j}(\omega t + kx)} \tag{1-30}$$

式中,A 和 B 为任意常数;$k = \dfrac{w}{c}$ 为波数;$A\mathrm{e}^{\mathrm{j}(\omega t - kx)}$ 表示声波分解在 x 轴正方向的波;$B\mathrm{e}^{\mathrm{j}(\omega t + kx)}$ 表示声波分解在 x 轴负方向的波。假定声波处于空间无限大且分布均匀的传播介质中,则 $B=0$,波动方程的解为

$$p(t,x) = A\mathrm{e}^{\mathrm{j}(\omega t - kx)} \tag{1-31}$$

再设 $x=0$ 时,声源产生的声压为 $p_a\mathrm{e}^{\mathrm{j}\omega t}$,显然存在 $A = p_a$ 的关系,则声压为

$$p(t,x) = p_a\mathrm{e}^{\mathrm{j}(\omega t - kx)} \tag{1-32}$$

由声压可求得质点速度:

$$v(t,x) = v_a\mathrm{e}^{\mathrm{j}(\omega t - kx)} \tag{1-33}$$

式中,$v_a = \dfrac{p_a}{\rho_0 c}$,$\rho_0$ 为介质密度。从式(1-32)和式(1-33)可以看出,声压 p_a、质点速度 v_a 都是常数,因此理想状态下,平面波在传播时无衰减,且其波阵面不会变大,故其声能量不会由于传播距离变远而分散。

1.3　瞬态物理场反演成像理论

1.3.1　层析成像理论基础

层析成像的基础是 Radon 变换和 Radon 反变换,是由奥地利数学家 J. Radon 在 1917 年提出,其反演问题能够理解为:通过某些信息载体,利用反演的方式来获取被测对象的内部性质,该理论为 CT 成像提供了理论基础。

假设有二维图像可以表示为 $f(x,y)$，经 Radon 变换后，即得到该图像函数的投影值。假设在二维坐标系内，有直线 L 表示为

$$L: p = x\cos\theta + y\sin\theta \tag{1-34}$$

Radon 变换相当于把函数 $f(x,y)$ 通过线积分的方式把二维平面坐标系映射到了直线参数 (p,θ) 坐标系。其坐标变换示意图如图 1-11 所示。

记 $Rf(p,\theta)$ 为函数 $f(x,y)$ 沿直线 $L_{p,\theta}$ 的线积分，即 $f(x,y)$ 的 Radon 变换表达式为

$$Rf(p,\theta) = \int_{p = x\cos\theta + y\sin\theta} f(x,y)\mathrm{d}s \tag{1-35}$$

式中，$\mathrm{d}s$ 为直线 L 的微分。

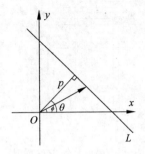

图 1-11　Radon 坐标变换示意图

Radon 逆变换的基本思想是根据投影数据对目标对象的某物理参量进行重建的过程，也就是说在已知 Radon 变换结果的前提下，通过该结果来还原待测物质的内部结构，这个过程即为 Radon 逆变换，它为图像重建提供理论基础，其表达式为

$$\hat{f}(r,\theta) = \frac{1}{2\pi^2} \int_0^\pi \int_{-\infty}^{\infty} \frac{1}{r\cos(\theta - \phi) - p} \cdot \frac{\partial Rf(p,\theta)}{\partial p} \mathrm{d}p\,\mathrm{d}\theta \tag{1-36}$$

1.3.2　走时层析成像模型

由于爆炸、冲击等试验条件能够看作是理想均匀的、各向同性的，故能够将冲击波在空中的传播路径看作直线，因此本书采用走时层析成像方法，来反演重建爆炸测试区域的速度场分布。

假设爆炸冲击波为连续速度场，冲击波在空中传播的过程中，其走时可用速度和几何路径的函数表示：

$$t = \int_L \frac{1}{v}\mathrm{d}r = \int_L s\,\mathrm{d}r \tag{1-37}$$

式中，t 为走时，即传感器点处冲击波的到达时间；v 为波速；s 为慢度，即速度的倒数；L 为爆炸点与传感器之间的射线路径；$\mathrm{d}r$ 为沿射线路径 L 的距离增量。

在本书背景下，走时层析成像反演的基本思路是：随着冲击波的传播，走时沿着射线积累，并且包含冲击波的慢度信息，利用冲击波的到时数据即可反演得到速度场分布。因此将测试区域划分为若干网格单元，离散化模型见图 1-12。将式(1-37)离散化，即对第 i 条射线的投影数据有

$$t_i = \sum_{j=1}^{N} a_{ij}s_j, i=1,2,\cdots,I, j=1,2,\cdots,J \tag{1-38}$$

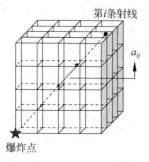

图 1-12　离散化模型示意图

式中，t_i 为第 i 条射线的走时，即冲击波在第 i 个传感器处的到达时间；s_j 为第 j 个网格中的慢度；a_{ij} 为第 i 条射线在第 j 个网格内的路径；I 为射线数，即传感器个数；J 为划分的网格个数。

其实求解慢度的过程就是一个反问题，将测试区域离散化后，每个单元格都相当于一个像素，利用每条射线的投影数据可建立一个方程，即整个区域的反演问题可写成方程组的形式，建立待重建图像和投影数据之间的方程组，进而可将反演问题这个非线性问题转化为线性问题，即式(1-38)可写成以下形式：

$$AS = T \tag{1-39}$$

式中，T 为各条射线走时，$T=(t_i)_{m \times t}$；S 为待重建慢度，$S=(s_j)_{n \times t}$；A 为距离矩阵，$A=(a_{ij})$ 为 $I \times J$ 阶大型稀疏矩阵。

求解矩阵的过程见图 1-13。

1.3.3　迭代重建算法

层析成像的重建过程也就是对方程组(1-39)进行求解的过程，在实际重建过程中未知数的数量较大，投影数据量较少，使得仅有有限个网格内有射线穿过，且投影数据数量远小于未知数数量，导致矩阵方程为欠定方程，此时会有无穷多组解，因此，无法用线性方程组的常规解法求解，而只能运用数值近似法求解。为了求解上述大型稀疏矩阵方程组，由此产生了一系列反演算法。目前，常规反演方法主要包括反投影法、代数重建算法、联合迭代重建方法、联合代数重建算法等，下面对几种常规反演算法进行介绍。

1. 代数重建算法

代数重建算法(algebraic reconstruction technique，ART)是一种较为经典的迭代重建算法，由 R. Gorden 等提出并被应用到图像重建领域。与解析重建算法相比，迭代类算法有着较强优势，当投影数据有所缺失时仍然可以取得较好的重建

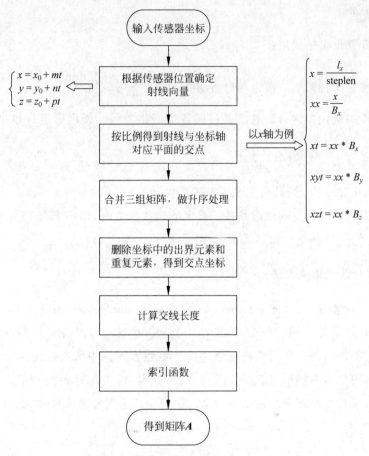

图 1-13 求解矩阵流程图

效果。ART 的迭代过程是按照射线顺序对图像的每个像素点进行修正的,计算量大,存在收敛速度慢或不收敛的缺点。式(1-40)为 ART 的迭代公式:

$$s_j^{k+1} = s_j^k + \lambda \frac{a_{ij}}{\sum\limits_{j=1}^{J} a_{ij}^2} \left(t_i - \sum_{j=1}^{J} a_{ij} s_j^k \right) \tag{1-40}$$

式中,s_j^k 为迭代 k 次第 j 个网格的慢度;t_i 为实际测量投影值;a_{ij} 为投影系数,即第 i 条射线在第 j 个网格内的射线长度;λ 表示松弛因子,通常在$(0,2)$范围内;k 为迭代次数。ART 的实现流程可总结为

(1)对重建图像 s_j^0 进行初始化,可将 s_j^0 赋值为 0 或将其他重建算法的结果作

为初始迭代值；

（2）计算投影估计值：$\sum\limits_{j=1}^{J} a_{ij}s_j^k$；

（3）求真实投影值与投影估计值的差：$t_i - \sum\limits_{j=1}^{J} a_{ij}s_j^k$；

（4）按照迭代公式对该射线通过的各个网格单元的慢度值进行修正，完成第一条射线的修正；

（5）重复上述（3）、（4），用下一条射线对各 s_j 进行修正，直至完成所有射线的修正，得到重建图像 s_j^1，此时完成了一轮迭代；

（6）当达到所需要的收敛条件或设定的迭代次数时，即标志着迭代过程结束；若不满足条件，继续下一轮迭代，直至满足条件。

2. 联合迭代重建算法

联合迭代重建算法（simultaneous iterative reconstruction technique，SIRT）是由 P. Girlbert 等提出的一种在 ART 基础上的改进算法，与 ART 不同，SIRT 采用并行迭代的方式，每个像素的修正值来源于该像素网格中所有射线的投影误差之和，每次都将像素内的所有射线考虑其中，而不像 ART 那样每次修正只考虑一条射线，减少了投影顺序对重建效果带来的影响。其迭代公式见式（1-41）：

$$s_j^{k+1} = s_j^k + \frac{\lambda}{K_j} \sum_{i=1}^{I} \frac{\left(t_i - \sum\limits_{j}^{J} a_{ij}s_j^k\right)}{\sum\limits_{j=1}^{J} a_{ij}^2} a_{ij} \tag{1-41}$$

式中，λ 表示松弛因子；K_j 为第 j 个网格内的射线数，即距离矩阵 $\boldsymbol{A}$ 中第 j 列非零元素的个数。SIRT 的实现流程可总结为

（1）对重建图像 s_j^0 进行初始化，可将 s_j^0 赋值为 0 或将其他重建算法的结果作为初始迭代值；

（2）计算投影估计值：$\sum\limits_{j=1}^{J} a_{ij}s_j^k$；

（3）求真实投影值与投影估计值的差：$t_i - \sum\limits_{j=1}^{J} a_{ij}s_j^k$；

（4）若第 j 个网格内共有 K_j 条射线通过，求出第 j 个网格内所有射线的平均

修正值：$\dfrac{1}{K_j}\displaystyle\sum_{i=1}^{I}\dfrac{\left(t_i-\displaystyle\sum_{j}^{J}a_{ij}s_j^k\right)}{\displaystyle\sum_{j=1}^{J}a_{ij}^2}a_{ij}$；

（5）根据迭代公式对第 j 个网格单元的慢度值 s_j 进行修正；

（6）重复上述（3）～（5），对下一网格的慢度值 s_j 进行修正，直至完成对所有网格慢度值的修正，得到重建图像 s_j^1，此时完成了一轮迭代；

（7）当满足所需要的收敛条件或设定的迭代次数时，即标志着迭代过程结束；若不满足条件，继续下一轮迭代，直至满足条件。

3. 联合代数重建算法

联合代数重建算法（simultaneous algebraic reconstruction technique，SART）是由 A. H. Anderson 和 A. C. Kak 提出的一种结合了 ART 和 SIRT 各自优点的迭代重建算法。SART 的基本思想是在计算各投影角度下的全部射线的投影误差后再对图像的各个像素进行更新，相当于减少了 ART 中引入的噪声，其迭代公式如式（1-42）所示。

$$s_j^{k+1}=s_j^k+\dfrac{\lambda}{\displaystyle\sum_{i\in I_\phi}a_{ij}}\cdot\sum_{i\in I_\phi}\dfrac{a_{ij}\cdot\left(t_i-\displaystyle\sum_{j=1}^{J}a_{ij}s_j^k\right)}{\displaystyle\sum_{j=1}^{J}a_{ij}} \tag{1-42}$$

式中，λ 为松弛因子；I_ϕ 为投影集合。该算法的具体实现流程如图 1-14 所示。

4. 基于压缩感知的重建模型

由于在实际应用过程中，传感器测试点较少且数据采集容易存在误差，即投影数据量较少，且未知数的数量较大，使投影数据数量远小于像素数量，从数学的角度来看，层析成像重建问题相当于求解一个大型的欠定方程，传统的求解方法并不适用。针对上述欠定方程难以求解的问题，通常有效的解决方法是在层析反演中通过正则化的方式尽可能地增加约束条件。爆炸场层析成像属于单投影角度不完全投影数据条件下的成像问题，如何利用较少的投影数据重建冲击波超压场成为本书的重点。为此，本书将全变分（total variation，TV）最小化和字典学习加入到稀疏条件下的冲击波超压场重建中，为有效求解欠定问题提供了全新的视角。

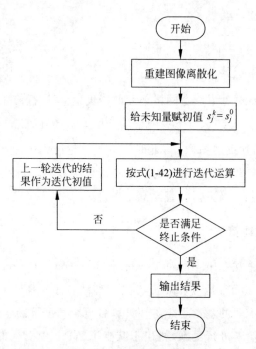

图 1-14　SART 算法流程图

　　爆炸场层析成像就是利用已知的测量数据来重建冲击波超压场,由于迭代重建算法不能直接求解图像,需要在迭代过程中不断更新逼近真实图像,通常将重建问题转化为目标函数的最小化问题以此来约束解空间。

　　在基于压缩感知的重建算法中,TV 最小化理论可以较好地保持图像的边缘特征,字典学习能够充分利用图像的稀疏性并在一定程度上抑制噪声。因此本书将字典学习与 TV 最小化的优势相结合(即 TV-DL 方法)重建模型:

$$\min_{\boldsymbol{S},\alpha} \frac{\mu}{2} \parallel \boldsymbol{AS}-\boldsymbol{T} \parallel_2^2 + \lambda \parallel \boldsymbol{S} \parallel_{\mathrm{TV}} + \beta \big(\sum_j \parallel \boldsymbol{E}_j \boldsymbol{S}-\boldsymbol{D}\boldsymbol{\alpha}_j \parallel_2^2 + \sum_j \upsilon_j \parallel \boldsymbol{\alpha}_j \parallel_0 \big)$$

(1-43)

式中,$\boldsymbol{A}$ 为投影矩阵,$\boldsymbol{S}$ 为重建图像,$\boldsymbol{T}$ 为投影数据;第一项为数据的保真项,第二项为 TV 正则项,第三项为字典学习正则项;μ 为保真项系数,λ 和 β 为正则项系数,$\boldsymbol{\alpha}_j$ 是系数矩阵。

　　采用交替最小化的思想求解目标函数式(1-43)。

步骤1:固定 $\boldsymbol{D}$ 和 $\boldsymbol{\alpha}_j$,更新重建图像 $\boldsymbol{S}$,目标函数为

$$\min_{\boldsymbol{S},\boldsymbol{\alpha}_j} \frac{\mu}{2}\|\boldsymbol{AS}-\boldsymbol{T}\|_2^2 + \lambda\|\boldsymbol{S}\|_{\mathrm{TV}} + \beta\Big(\sum_j\|\boldsymbol{E}_j\boldsymbol{S}-\boldsymbol{D}\boldsymbol{\alpha}_j\|_2^2\Big) \tag{1-44}$$

为求解式(1-44),引入辅助变量 d_x,d_y,b_x,b_y,得到目标函数(1-47):

$$\begin{aligned} d_x &= \nabla_x\boldsymbol{S} \\ d_y &= \nabla_y\boldsymbol{S} \end{aligned} \tag{1-45}$$

$$\begin{aligned} b_x^{k+1} &= b_x^k + (\nabla_x\boldsymbol{S}^{k+1}) - d_x^{k+1} \\ b_y^{k+1} &= b_y^k + (\nabla_y\boldsymbol{S}^{k+1}) - d_y^{k+1} \end{aligned} \tag{1-46}$$

$$\min_{\boldsymbol{S},d_x,d_y} \|d_x,d_y\|_2 + \frac{\lambda}{2}\|d_x-\nabla_x\boldsymbol{S}-b_x^k\|_2^2 + \frac{\lambda}{2}\|d_y-\nabla_y\boldsymbol{S}-b_y^k\|_2^2 + \tag{1-47}$$

$$\frac{\mu}{2}\|\boldsymbol{AS}-\boldsymbol{T}\|_2^2 + \beta\Big(\sum_j\|\boldsymbol{E}_j\boldsymbol{S}-\boldsymbol{D}\boldsymbol{\alpha}_j\|_2^2\Big)$$

式(1-47)的求解采用交替优化的思想,将其转化为交替求解两个子问题,分别如下式所示:

$$\min_{\boldsymbol{S}} \frac{\mu}{2}\|\boldsymbol{AS}-\boldsymbol{T}\|_2^2 + \frac{\lambda}{2}\|d_x-\nabla_x\boldsymbol{S}-b_x^k\|_2^2 + \frac{\lambda}{2}\|d_y-\nabla_y\boldsymbol{S}-b_y^k\|_2^2$$

$$+ \beta\sum_j\|\boldsymbol{E}_j\boldsymbol{S}-\boldsymbol{D}\boldsymbol{\alpha}_j\|_2^2 \tag{1-48}$$

$$\min_{d_x,d_y} \|d_x,d_y\|_2 + \frac{\lambda}{2}\|d_x-\nabla_x\boldsymbol{S}-b_x^k\|_2^2 + \frac{\lambda}{2}\|d_y-\nabla_y\boldsymbol{S}-b_y^k\|_2^2 \tag{1-49}$$

目标函数式(1-48)对于 $\boldsymbol{S}$ 的求解,可利用梯度下降法,得

$$\boldsymbol{S}^{k+1} = \boldsymbol{S}^k - \xi \cdot \boldsymbol{g} \tag{1-50}$$

式中,ξ 为下降步长;$\boldsymbol{g}$ 为式(1-48)的导数,如下所示:

$$\boldsymbol{g} = \lambda \cdot \nabla_x^{\mathrm{T}}(d_x-\nabla_x\boldsymbol{S}^k-b_x^k) + \lambda \cdot \nabla_y^{\mathrm{T}}(d_y-\nabla_y\boldsymbol{S}^k-b_y^k) + \mu \cdot \boldsymbol{A}^{\mathrm{T}}(\boldsymbol{AS}^k-\boldsymbol{T}) +$$

$$\beta\sum_j \boldsymbol{E}_j^{\mathrm{T}}(\boldsymbol{E}_j\boldsymbol{S}^k-\boldsymbol{D}\boldsymbol{\alpha}_j^k) \tag{1-51}$$

目标函数式(1-49)对于 d_x,d_y 的求解,可通过收缩算子求解:

$$d_x^{k+1} = \max\Big(\alpha^k-\frac{1}{\lambda},0\Big)\frac{\nabla_x\boldsymbol{S}^k+b_x^k}{\alpha^k}$$

$$d_y^{k+1} = \max\Big(\alpha^k-\frac{1}{\lambda},0\Big)\frac{\nabla_y\boldsymbol{S}^k+b_y^k}{\alpha^k} \tag{1-52}$$

$$\alpha^k = \sqrt{|\nabla_x\boldsymbol{S}^k+b_x^k| + |\nabla_y\boldsymbol{S}^k+b_y^k|}$$

步骤2:固定 $\boldsymbol{S}$,更新 $\boldsymbol{D}$ 和 $\boldsymbol{\alpha}_j$,对应的目标函数如下:

$$\min_{\boldsymbol{D},\boldsymbol{\alpha}_j}\sum_j\|E_j\boldsymbol{S}-\boldsymbol{D}\boldsymbol{\alpha}_j\|_2^2+\sum_j v_j\|\boldsymbol{\alpha}_j\|_0 \tag{1-53}$$

字典学习可以分为以下两部分。首先,固定 $\boldsymbol{\alpha}_j$ 更新 $\boldsymbol{D}$,这里采用自适应字典,使用 K-SVD 方法从重建的图像 $\boldsymbol{S}$ 中学习字典;然后,固定 $\boldsymbol{D}$ 更新 $\boldsymbol{\alpha}_j$,采用正交匹配追踪算法(orthogonal matching pursuit,OMP)来更新稀疏表示系数 $\boldsymbol{\alpha}_j$。

步骤 3:当 $\|\boldsymbol{S}^k-\boldsymbol{S}^{(k-1)}\|_2^2$ 充分小或者达到最大迭代次数 k 时,迭代停止;否则,重复步骤 1 和 2,直至满足条件。算法的具体流程如图 1-15 所示。

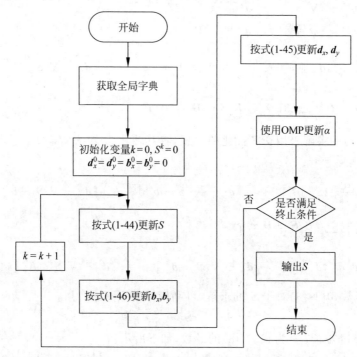

图 1-15　基于 TV 最小化和字典学习的重建算法流程图

1.4　本章小结

本章介绍了地下震动场、空中冲击波场、空中声场的相关波动理论,按照塑性、弹塑性和弹性等形变类型进行了区域划分,分析了相关波场衰减规律;其次介绍了反演层析成像算法及优化迭代算法,为后续瞬态多物理量探测与成像提供了理论支撑。

第 2 章

瞬态物理场分布式信息获取系统设计

本章在研究震动场/声场波动理论的基础上,通过对测试区域强度的计算,提出了阵列化"场"测量的总体系统设计方案;同时根据高灵敏、大区域的探测要求,对信息传感系统、震动参数数据获取系统、片上滤波器、参数提取器、状态转换机进行了阐述。

2.1 分布式获取系统总体方案设计

网络化测试系统的整体结构分为掩体测试控制站(即主控站)和现场测试站点(即测试节点群)两大部分,如图 2-1 所示。在远离测试场布设主控站,在测试现场区按照测试物理场(声音、震动等)需求布设探测模块。在测试现场区,采用 AP 组网模式构建现场通信网络,并通过网桥与远程监控终端进行通信[1]。

试验前,主控站通过控制平台发送各类控制命令,使测试节点群完成加电、时钟校准、设定采集存储模式等准备工作。试验结束后主控站收集各测试节点群获取的信号,并在主控站完成信号分析处理。

网络化测试系统由主控站和测试节点群组成,测试节点群由声音探测模块和震动探测模块组成,探测节点完成试验现场测试数据的获取。主控站是整个系统工作的信息控制者,以及最后信息的汇聚者、管理者,是整个系统的神经中枢;主控站对各测试基站进行统一的控制和管理,并负责测试过程中任务的调度、分配和后期的数据处理。测试完成后,各测试基站以无线通信方式将采集的所有数据传送至主控站的计算机上进行后续处理。网络化测试系统整体结构如图 2-2 所示。

主控站中,主控计算机的主要任务是负责通过专门控制软件发送下行测试命令、控制基站功能操作、接收上行回传数据,作为分析处理数据的人机接口。测试命令主要包括以下三种:一是测试基站的控制命令,比如电源、功能模块的控制,

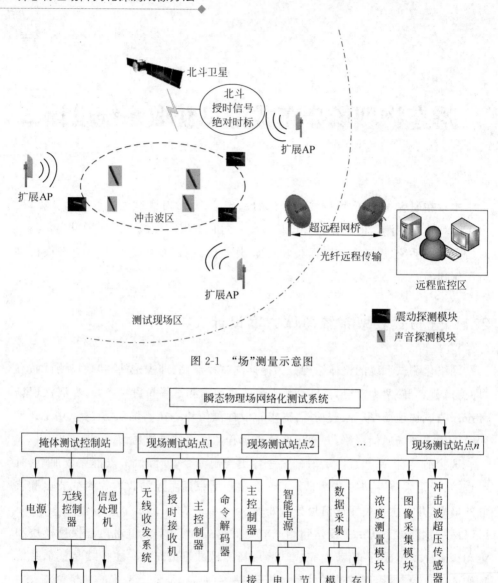

图 2-1   "场"测量示意图

图 2-2   网络化测试系统结构示意图

信号的触发等；二是参数配置命令；三是数据上传命令，如基站的状态、电源的状态、大量数据的上传命令等。通过计算机软件的处理及显示可以清楚地指导我们下一步应该采取的措施，监视测试基站的状态；主控站控制系统电路主要负责接收从计算机上发送的测试命令，经过译码后，通过无线通信模块（无线收发系统）广播发送测试命令，它还控制基站无线通信模块进行测试数据的上传；北斗接收机主要为整个测试系统提供全天候精准的时间标准，是时间同步触发系统的时间标准；主站授时系统，是基站时间同步触发系统的设计核心，是系统基准信号产生以及时钟校准系统电路的关键设备。

测试节点采用模块化的设计思想，可对系统进行裁减、扩展以达到完善，这种设计思想缩短了设计时间，增加了设计的灵活性；另一个重要的作用就是，即使单个模块出现问题也不至于导致整个系统崩溃，既增加了系统的稳定性，也有利于系统后期的优化组合设计。

电源管理系统的设计是整个系统设计的关键。通过降低组件闲置时的能耗，优秀的电源管理系统能够将电池寿命延长 2 倍以上。本书电源管理系统框图如图 2-3 所示。

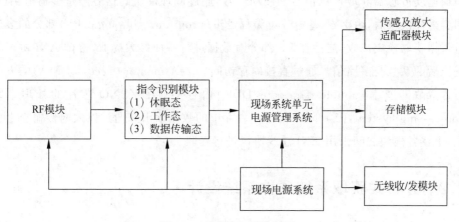

图 2-3 电源管理系统框图

针对物理参量获取系统所需的功能，将测试节点系统分为硬件系统设计与实现、软件系统设计与实现，如图 2-4 所示。每部分又分为底板设计、核心板设计、调理电路设计、多路模数转换器（analog to digital converter，ADC）接口设计、数据传输模块设计、特征参数提取设计等部分。

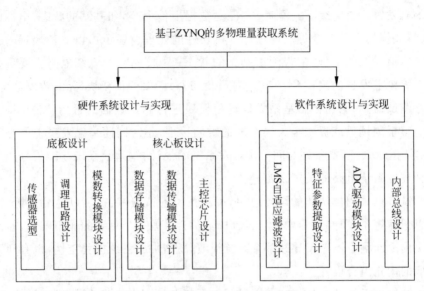

图 2-4　多物理量测量系统设计方案

　　整个系统的传输控制流程方案如下：分别采用高灵敏度自由场声传感器阵列和加速度传感器获取声场信号和震动信号，通过调理模块的信号经过多通道 ADC 同步采样模块后，由 ZYNQ 芯片可编程逻辑（programmable logic，PL）部分的多通道数据获取模块接收，之后在 PL 部分对数据进行特征参数提取，遵循 AXI 协议将提取后的系数与多路信号通过直接内存访问（direct memory access，DMA）的方式写入双数据速率（double data rate，DDR）内存中；在 ZYNQ 芯片的处理系统（processing system，PS）部分将 DDR 内存中的数据读出并通过以太网传输至上位机，上述各模块之间采用 AXI 总线协议进行互联。

2.2　分布式获取系统硬件系统设计

2.2.1　传感器选型

1. 震动传感器选型

　　采用有限元分析方法对不同类型传感器仿真并判断其性能，信号拟采用震动波，对压阻式、压电式、电容式等传感器进行动态力学性能仿真（图 2-5）。首先进行前处理,对冲击波加载模型,传感器敏感件拟采用 SOLID164 模型;其次进行加载和求解,对建立的模型施加约束、载荷及边界条件,在设定冲击波超压、持续时间等参量的基础上求解过程控制参数;然后调用 LS-DYNA 程序求解;最后进行后处理。使用通用后处理器观察整体变形和应力应变状态,使用时间历程后处理器绘制加速度、速度、位移等运动参数的时间历程曲线,以及使用 LS-PREPOST 软件进行应力应变、位移、速度、加速度、时间历程曲线等后处理,得到不同种类传感器的力学特性[2]。

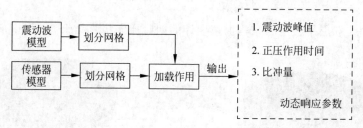

图 2-5   力学仿真模型

通过 ANSYS 有限元分析软件对双层平板电容和压阻式岛梁结构加速度计分别施加 $40\,000g$、$100\,000g$、$150\,000g$ 和 $200\,000g$ 冲击载荷,电容材料和压阻式材料参数见表 2-1 和表 2-2。

表 2-1   电容材料参数

材料 \ 参数	密度/(g/cm³)	泊松比	弹性模量/GPa
氧化锆陶瓷	5.89	0.25	220
铅-银合金	11.00	0.42	11.50

表 2-2   压阻式材料参数

材料 \ 参数	密度/(g/cm³)	泊松比	弹性模量/GPa
单晶硅	2.33	0.3	190

然后在保证两种结构体积相等的前提下,分别对两者进行几何建模和网格划分,如图 2-6(a)与图 2-6(b)所示。

在 ANSYS 有限元分析软件中设置分析选项为 Modal,并将扩展模态设为 4。

(a) 双层平板电容结构加速度计有限元结构示意图　　(b) 压阻式岛梁结构加速度计有限元结构示意图

图 2-6　不同结构的几何建模

求解后,双层平板电容结构加速度计的四阶模态仿真结果如图 2-7 所示。

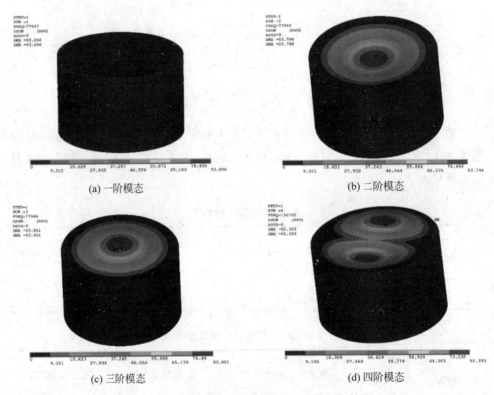

图 2-7　双层平板电容结构加速度计模态仿真图

双层平板电容结构加速度计的各阶振动频率如表 2-3 所示。

表 2-3　电容结构加速度计各阶振动频率

模态阶数	1	2	3	4
振动频率/kHz	77.937	77.940	77.946	156.792

然后对压阻式岛梁结构加速度计进行相同步骤的模态分析,其结果如图 2-8 所示。

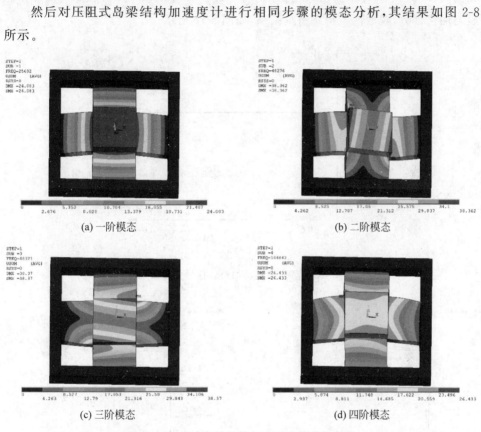

(a) 一阶模态　　　　　　　　　　　(b) 二阶模态

(c) 三阶模态　　　　　　　　　　　(d) 四阶模态

图 2-8　压阻式岛梁结构加速度计模态仿真图

压阻式岛梁结构加速度计的各阶振动频率如表 2-4 所示。

表 2-4　岛梁结构加速度计各阶振动频率

模态阶数	1	2	3	4
振动频率/kHz	25.692	48.276	48.321	104.842

首先对比分析两种结构的模态仿真结果,双层平板电容结构加速度计沿震动加速度方向的一阶模态固有频率为 77.937kHz,而压阻式岛梁结构加速度计沿冲

击加速度方向的一阶模态固有频率为 25.692kHz，远小于双层平板电容结构加速度计一阶模态固有频率。再从瞬态动力学仿真角度进一步论述在高冲击阶跃信号作用下双层平板电容结构加速度计的响应特性优于压阻式岛梁结构加速度计。在相同的 40 000g 高冲击震动加速度作用下（如图 2-9 所示），通过模态分析、几何建模与网格划分，观察两者瞬态仿真结果，如图 2-10 所示。

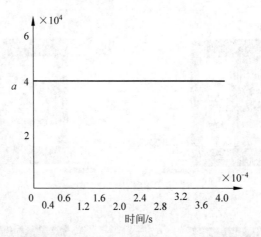

图 2-9　高冲击震动加速度信号仿真结果

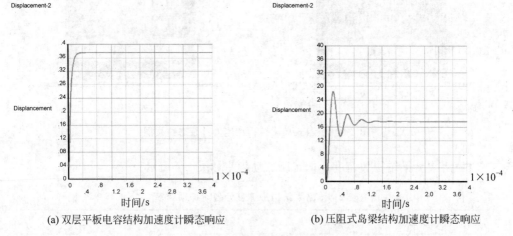

(a) 双层平板电容结构加速度计瞬态响应　　　　(b) 压阻式岛梁结构加速度计瞬态响应

图 2-10　瞬态仿真结果

从双层平板电容结构加速度计的瞬态响应曲线可以看出，其响应时间为 20μs，而压阻式岛梁结构加速度计的响应时间为 160μs，远远大于双层平板电容结构加速度计的响应时间。

最终选择的加速度传感器如表 2-5 所示。

表 2-5　传感器类型

器件	型号	主要特性
加速度传感器	LIS344	量程±2g/±6g；非线性度±0.5%；带宽 1.8kHz,输出阻抗 110kΩ

2. 声传感器选型

1) 声传感器类型及工作原理

声音信号的作用时间较短,对于声音信号的获取需要在较短的时间内完成,因此对于声传感器的瞬态响应要求较高。声传感器作为一种将压力振荡转化为相应的电压振荡的能量转换器件,从 20 世纪发展至今,已经衍生出了许多不同类型。根据声电转换原理的不同主要分为动圈式和电容式,两种声传感器的内部构造如图 2-11 所示。

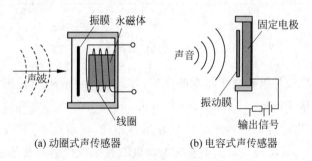

(a) 动圈式声传感器　　　　(b) 电容式声传感器

图 2-11　不同类型声传感器的内部构造

动圈式声传感器以电磁感应为原理,通过感应声音压强变化的薄膜带动微型线圈在磁场中运动,产生感应电动势,进而反映声音的变化情况。这类声传感器的优点是频响宽、失真小、音质好,因此常用于录音棚等录制人声的场景中。但是由于动圈式声传感器使用机械结构,使得在声电转换时会损耗一部分能量,造成其灵敏度不高,并且高频响应特性和瞬态响应特性比较差。

电容式声传感器内置电容平板,利用两者之间形成电介质的间隙作为电容器,并使用外部电压对电容平板进行充电,薄膜受到声压作用发生振动时,电容的容量也会随之改变,从而引起电容两端电压发生变化,通过电压来反映声音信号。电容式声传感器的声电转换效果好,灵敏度高,而且具备快速的瞬时响应特性,但是在使用时需要外部提供 40～200V 的直流电压,因此常见于演出场合。

通过查阅部分声传感器的使用手册,得到典型的两种声传感器频率响应特性曲线如图 2-12 所示。从图中可以看出,动圈式声传感器的频响特性曲线起伏较大,对于低频信号不太敏感,在中高频范围内敏感度有所提升;而电容式声传感器的频响特性曲线比较平坦,因此对于所有频率范围都同样敏感,能够精确地再现声源的信号。

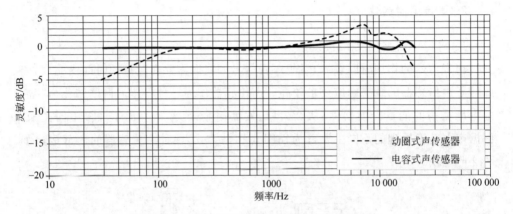

图 2-12 两种典型声传感器的频率响应特性曲线

根据上述对二者频响特性曲线的分析,选择使用电容式声传感器较适宜。驻极体式声传感器(Electret Capacitor Microphone,ECM)作为电容式声传感器衍生出的一种,其工作原理和电容式声传感器基本相同,区别在于,驻极体式声传感器不需要外部电压,而是使用带有驻极体材料的背板来取代电容式传感器的极板,这种材料已经经过预极化处理,表面带有固定的电荷,从而可以在具备电容式声传感器性能的同时,避免了对直流供电电压的需求,可以满足系统对于高灵敏度的需要,其构造如图 2-13 所示。

2)声传感器选型

声音探测首先需要精准地对声音进行采集,声传感器作为整个系统的输入端,其输出信号直接影响后续的数据处理及算法的精准度,因此声传感器的选型显得尤其重要。在进行声传感器的选型时,需要考虑指向性、灵敏度等性能参数,同时需要针对实际的应用场合进行选择。

首先,根据对于声波传播规律的研究,声音的强度会随着传播距离的增加快速

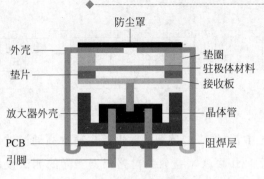

图 2-13 驻极体式声传感器结构

衰减,这对于系统来说是一个比较小的信号,需要精准获取声音信号并捕捉其微小的变化,因此对于声传感器的灵敏度需求较高;其次,考虑到声源可以出现在声传感器任何方向上,需要声传感器对接收的来自不同方位的声音有基本相同的灵敏度,因此指向性为全指向性。

综合上述分析,选择声传感器类型为高灵敏度驻极体式声传感器。在本书中,根据前述分析的声音信号特性,选用杭州爱华测试传声器,型号为 AWA14614E,声传感器性能指标如下:

(1) 外径:1/4 英寸。

(2) 灵敏度:0.5mV/Pa。

(3) 频率范围:10~40 000Hz。

(4) 动态范围:60~175dB。

(5) 频响特性:自由场。

根据前述对于瞬态信号(如声源信号)的分析,此传感器的各项指标均符合声音信号获取的需求条件。

2.2.2 调理电路设计

在本系统中,前端传感器所采集的信号的值比较小,其次,环境噪声会很大程度影响信号的质量,因此设计信号调理电路的作用首先是将前端传感器获取的微弱信号放大合适的倍数,充分利用模数转换芯片的最大量程范围,在硬件性能已经确定的基础上最大限度地提高信号的精度;其次,通过设计信号调理电路中的滤波电路,滤除目标信号频率范围外的信号,进而提高信号的信噪比,信号调理电路的整体流程如图 2-14 所示。

图 2-14   信号调理电路流程

在流程图 2-14 中,前端声传感器的输出首先通过高通滤波器滤除给传感器供电的直流电压,然后使用可变增益放大电路根据实际的测试效果将前端声信号放大至合适的范围,再通过抗混叠低通滤波器去除高频信号的影响,之后进行阻抗匹配,最后将调理后的信号送入 ADC 采样芯片。

1. 有源高通滤波器设计

传感器的输出信号驮载在供电电压之上,因此其输出带有 23V 直流偏置电压。为获得有效的信号,需要使用高通滤波器将直流偏置电压滤除。此处使用高速运放 AD8030 设计二阶高通滤波器,为了不滤除有效信号,此处将截止频率设置为 159Hz。根据截止频率的计算公式,设置 R 为 $1k\Omega$,C 为 $1\mu F$,设计完成的高通滤波器电路如图 2-15 所示。

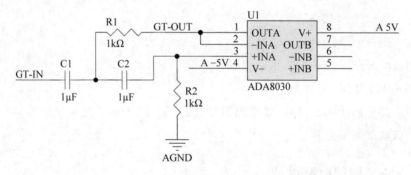

图 2-15   高通滤波器电路

2. 增益放大电路设计

经过高通滤波器处理后的信号峰值较低,因此需要搭建放大电路将其放大至接近 ADC 的采样电压上限,以最大限度地利用 ADC 的量化精度。此处使用低噪声、轨对轨精密运算放大器 ADA-4610 搭建放大电路,其增益带宽积达 15.4MHz,并具备低失调、低噪声和极低输入偏置电流等特性,适合用于高阻抗传感器的放大以及采用分流的精密电流测量应用。输入信号根据实测的信号幅值等参数通过两级放大电路(前级 5 倍,后级可调)放大合适的倍数,电路原理图如图 2-16 所示。

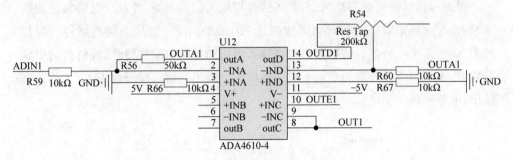

图 2-16 增益放大电路原理图

3. 抗混叠滤波器设计

在采集模拟信号时,可能会出现混叠现象,这是指高频的噪声信号在采样时被折叠至低频段内,造成采样数据中出现虚假频率的现象。为防止信号中混叠入高频噪声,进而影响后续数据处理,此处使用八阶巴特沃斯抗混叠低通滤波器 MAX291 搭建滤波器,原理图如图 2-17 所示。通过查阅数据手册,确定使用 330pF 电容,以保证 20kHz 的截止频率,从而在保证信号不失真的情况下去除高频噪声。

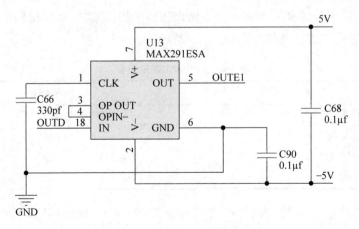

图 2-17 抗混叠低通滤波器原理图

4. 阻抗匹配电路设计

实测所选模数转换芯片 ADS8681 的模拟输入阻抗不高,外部信号需靠运放驱动输入,为此选用双极性轨对轨运放芯片 ADA4610 设计电压跟随电路进行阻抗匹配,以提高采集精度。该电路具有高输入阻抗和低输出阻抗特性,能够提高带负载能力,作为一个缓冲级起到承上启下的作用。输出与输入按照接近 1∶1 的比例输出,电路原理图如图 2-18 所示。

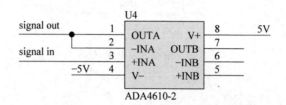

图 2-18　阻抗匹配电路原理图

2.2.3　模数转换模块设计

前端信号频率不超过 8.5kHz,根据奈奎斯特采样定律,模数转换芯片采样率应大于 17kHz。综合考虑后续声源分类算法的精度要求以及数据处理的实时性要求,选择采样为 100KSPS,因此选用 ADS8681 模数转换芯片。该芯片为单通道,16bit 精度,最高采样率为 100KSPS。输出接口采用 SPI 协议,模拟供电电压 5V,数字供电电压 3.3V。具体指标如表 2-6 所示。

表 2-6　ADS8681 参数指标

型　　号	ADS8681
采样率	100KSPS
转换位数	16bit
传输协议	SPI
信号输入范围	−5～5V

查阅芯片手册可知,该 ADC 有两种封装,为便于后续的调试及焊接,选用 TSSOP 封装。ADS8681 电路原理图如图 2-19 所示。

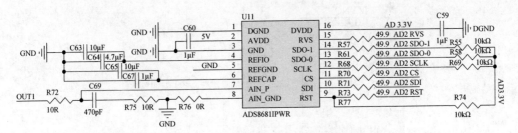

图 2-19　ADS8681 外围电路设计

2.2.4　数据存储模块设计

本系统在 PS 部分搭载,系统的运行以及 PL 部分数据的暂存必须依赖于高速的数据存储芯片,传统的 FLASH、SD 卡、EEPROM、RAM 等存储芯片无法满足对于读写速率的高需求。因此综合考虑成本、体积、容量以及读写速率等多个因素,最终选用镁光公司的 4Gb(512MB)的 DDR3 内存芯片两片,总容量 8Gb(1GB),型号为 MT41J256M16RE-125,运行的最高速率可达 533MHz,满足系统的运行及数据暂存需求。

由于速度高而且是双倍速率采样,在设计硬件时需要考虑匹配电阻、终端电阻、走线阻抗控制、走线等长控制等,保证 DDR3 内存高速稳定的工作。两片内存颗粒的时钟信号、命令信号和地址总线是共享的,数据总线、数据选通信号和数据掩码信号各自分开,直接连接至 ZYNQ 芯片中 PS 部分的 BANK502,DDR3 内存与 ZYNQ 芯片的连接示意图如图 2-20 所示。

2.2.5　数据传输模块设计

PS 端处理完数据之后,需要将其可靠地传输至接收端进行进一步操作,除保证系统可靠性外,传输的速率也需要考虑。针对本系统由于多路同步采样造成的大量数据流,选用以太网进行通信,通过 RJ45 接口实现数据的传输。

本系统的通信选用千兆以太网 PHY 芯片,型号为 YT8521S,可实现 10/100/1000M 以太网物理层功能。PHY 芯片直接连接至 ZYNQ 芯片中 PS 部分的 BANK501,PHY 芯片与 ZYNQ 芯片的连接框图如图 2-21 所示。

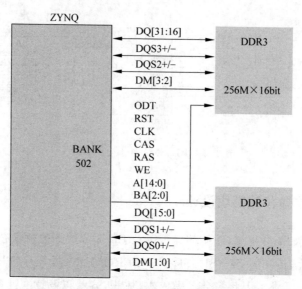

图 2-20　DDR3 内存与 ZYNQ 芯片连接示意图

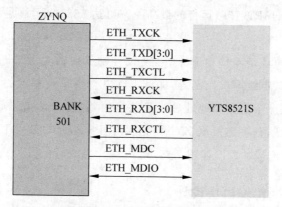

图 2-21　PHY 芯片连接示意图

2.2.6　芯片主控模块设计

1. 主控芯片选型

与传统的实现简单的 IO 控制或者 AD 驱动不同,本系统旨在实现多路信号的采集、自适应滤波器的搭建以及信号特征的提取,这对于主控芯片处理速度和片上资源的需求比较高。其次,算法中涉及的短时傅里叶变换(short-time Fourier transform,STFT)需要使用到数字信号处理器(digital signal processor,DSP)资源,若使用单纯的 FPGA 实现上述功能,所需的逻辑资源会比较大,并且在数据的处理和传输方面略有欠缺;若使用树莓派或者单片机等纯 ARM 核芯片实现上述功能,虽然在控制和算法方面占有优势,但是处理速度无法和使用并行计算方式的 FPGA 相比;若使用 ARM+FPGA 架构,其片间数据传输协议的速率无法满足本系统多路同步采样对高吞吐率的需求,并且开发难度较大。因此系统的探测和处理需要使用片上系统(system on chip,SoC)来实现。

针对上述问题,本系统采用 XILINX 公司 ZYNQ 系列 SoC 芯片作为主控芯片。

该芯片集成 PS 端双核 ARMQ Cortex A9 系列处理器以及 PL 端 Artix-7 架构 28nm 可编程逻辑资源,能够满足系统对于主控芯片的处理速度、片上资源、集成度以及体积等多方面的需求。

ZYNQ 系列 SoC 芯片内部架构如图 2-22 所示。图中红色高亮区域为 PS 部分,剩余区域为 PL 部分,两者之间使用高性能 AXI4 总线协议实现数据流的交互。系统的信息结构更简单,通信速度也更快,其传输速率最高可达 100Gb/s,不仅拥有 FPGA 并行高速处理和硬件可编程的优势,而且具备 ASIC 在开发、控制以及兼容性方面的优点。本系统使用的 ZYNQ7020 芯片中 PL 部分拥有 85K 逻辑单元、4.9Mb 的嵌入式存储资源、220 个 DSP 单元、4 个时钟管理单元(CMT)、16 个全局时钟网络、6 个用户 I/O BANK 和最大 253 个用户 I/O;芯片中 PS 部分的处理器基于 ARM-v7 架构,核心频率高达 766MHz。ZYNQ 芯片资源丰富,性能强大,可以满足本系统的需要。

2. ZYNQ 芯片外围电路设计

为保证 ZYNQ 主控芯片的正常运行,需要为芯片提供稳定的工作电压,而 ZYNQ 系列芯片与常规芯片不同,作为一种异构多核型 SoC,其 PS 部分和 PL 部分的供电完全独立,并且都需要多组电源供电,但是 PS 和 PL 各自内部的各个电源之间有严格的上电顺序。

供电模块拓扑结构如图 2-23 所示,电路板使用 5V 直流电源(direct current,DC),选用 DC-DC 电源管理芯片 EA3059 按照 1.0V—1.8V—1.35V—3.3V 的顺序为芯片提供四路稳定的电压;选用 LDO 芯片 SPX3819M5-3-3 产生 VCCIO 电源,VCCIO 主要针对芯片的 BANK34 进行供电,其输出电压为 3.3V。

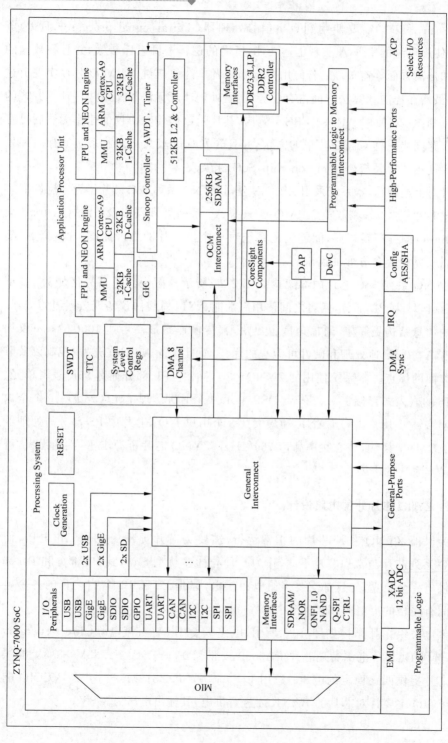

图 2-22　ZYNQ 系列 SoC 芯片内部架构

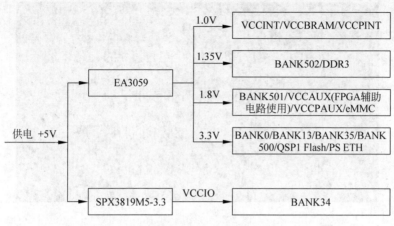

图 2-23 供电模块拓扑结构示意图

除可靠的供电外,ZYNQ 芯片的运行需要使用晶振输出稳定的时钟,作为一款异构多核芯片,其 PS 和 PL 部分独立运行,因此需要为 ZYNQ 芯片提供两个独立的时钟。与无源晶振相比,有源晶振输出的时钟信号稳定性和可靠性都相对较高,因此本系统选用 50MHz 和 33.33MHz 的有源晶振分别为 ZYNQ 芯片的 PL 和 PS 部分提供稳定的时钟频率。有源晶振原理图如图 2-24 所示。

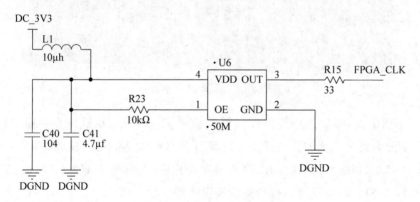

图 2-24 有源晶振原理图

2.2.7 硬件系统 PCB 设计

根据所确定的电路功能,综合考虑元器件数量、信号种类以及抗干扰要求等多方面因素,确定 PCB 层数为 4 层,绘制完成的 PCB 如图 2-25 所示,实物如图 2-26 所示。

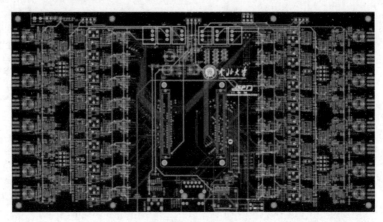

图 2-25　系统 PCB 图

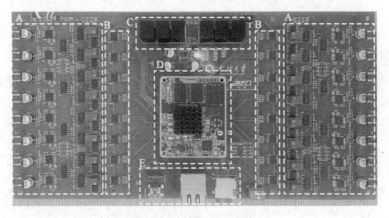

图 2-26　系统 PCB 实物

在上图中,A 部分为声阵列探测器的信号调理模块;B 部分为多路 ADC 芯片;C 部分为整个系统的供电部分;D 部分为 ZYNQ 核心板,板载 ZYNQ 芯片、YT8521S 以太网芯片以及 DDR3 高速缓存等芯片;E 部分为 UART 串口、千兆以太网口以及 SD 卡,为系统运行和调试提供支持。

2.3　分布式获取系统软件程序设计

2.3.1　软件系统总体方案

除了可靠的硬件平台,还需要稳定运行的控制程序。本书使用 Xilinx 的

VIVADO 开发平台,采用自顶向下的设计理念,分模块化设计,如图 2-27 程序设计框图所示。先利用其 PL 部分资源(可编程逻辑部分)设计低压差分信号(low voltage differential signaling,LVDS)多通道高速 ADC 接口部分,自适应片上降噪部分,AXI-Stream 协议转换部分;后利用其 PS 部分资源(ARM 处理系统)开发 DMA、DDR3 存储传输驱动,千兆以太网传输,系统外部通信控制部分[3]。

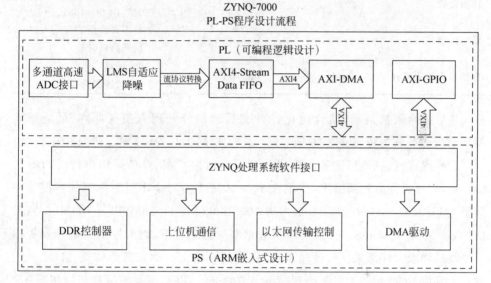

图 2-27　全局程序设计方案

2.3.2　PL 部分设计

PL 部分在 Xilinx VIVADO 平台上进行,使用源文件设计(source design)和块设计(block design)结合的方式,高速 ADC 接口、D-LMS 滤波、AXI-Stream 协议转换等模块使用 Verilog 以源文件的形式进行编写,从而便于调试,方便修改,也便于功能拓展;而 FIFO、DMA 等存储传输模块则采用块设计方式,通过调用官方 IP 核实现,从而可简化设计复杂度,保证数据流的稳定性。

1. 高速 ADC 接口时序设计

1) ADC 接口时序分析

通过查询 AD9259 芯片手册可知该 ADC 通过串行外设接口(serial peripheral

interface,SPI)来配置工作方式,主要配置方式如表 2-7 所示。

表 2-7 AD9259 工作模式配置

工作模式	对应地址(Addr)	对应字符串 bit 位置	配置模式说明
数据输出方式	0x00	bit6,bit1	11:LSB First 00:MSB First
转换位数	0x21	bit2,bit1,bit0	001:8 位;010:10 位; 011:12 位;100:14 位
低功耗模式	0x14	bit6	0:不开启低功耗 1:开启低功耗
数据输出编码格式	0x14	bit1,bit0	00:偏移二进制编码 01:二进制补码

考虑精确采集需求,结合简化设计和后续信号处理方便等原则,最终确定 AD9259 工作模式为转换位数 14bit,非低功耗模式,MSB 优先和偏移二进制编码方式。

工作模式确定后,阅读芯片手册找到对应时序。该 ADC 采用串行 LVDS 传输协议,采样时钟由外部给出,范围在 $10\sim50\mathrm{MHz}$。每个串行数据流的数据速率等于 14bit 乘以采样时钟速率,最大为 $700\mathrm{Mbps}(14\mathrm{bit}\times50\mathrm{MSPS}=700\mathrm{Mbps})$,最低的采样率是 10MSPS。在如此高速数据获取的条件下,对时序的精确控制提出了更高的要求。外部采样时钟输入后,提供两个输出时钟来帮助捕获 AD9259 的数据。其中 FCO 用于信号一个新输出字节的开始,FCO 频率与采样时钟相同;另一个通过 AD9259 内部倍频模块,7 倍频产生数据时钟(DCO),DCO 用于对输出数据进行计时。ADC 转换位数为 14bit,数据发送采用 DDR 模式,数据必须在 DCO 的上升和下降边沿捕获。如此在帧时钟一个周期内便可发送完 14bit 数据。

接收后的数据解码按照偏移二进制方式,没有符号位,数据换算为电压值的流程相比二进制补码方式有所简化。其码值与电压对应如表 2-8 所示,依据表 2-8 便可将所得数据转化为实际电压值。

表 2-8 偏移二进制电压转换码表

十进制码值	实际电压值(vin+ - vin-)	量化输出(偏移二进制)
16383	$+1\mathrm{V}$	11 1111 1111 1111
8192	0V	10 0000 0000 0000
8191	$-0.000\,122\mathrm{V}$	01 1111 1111 1111
0	$-1\mathrm{V}$	00 0000 0000 0000

2) ADC 接口程序代码设计

时序分析完成后,便针对此款 ADC 芯片,进行基于 ZYNQ 的多通道高速 LVDS ADC 接口电路设计。

该 ADC 输出的信号最高可达 350MHz,在设计 Verilog 代码时,应充分考虑时钟相位对齐、时序精确控制等问题。针对高速采集接口,设计了时钟分频模块、DCO 边沿对齐模块、帧首尾识别模块和数据接收模块。时序控制代码设计方案如图 2-28 所示。此设计使用专门适配高速 LVDS ADC 的 XILINX 7 系列 Select IO 资源:(1)使用 ISERDESE2 专用解串器接收 ADC 采集的数据;(2)使用 IDELAYE 模块搭配 ISERDESE2 组成闭环系统,配合时延参数自动训练算法对采样时钟进行皮秒级的精确延迟,使 ISERDESE2 模块的采样时钟(bitclk)与 ADC 输出的 DCO 边沿对齐。通过此种方法可减少逻辑资源的使用并且可以做到精确的时序控制从而确保精确采集。

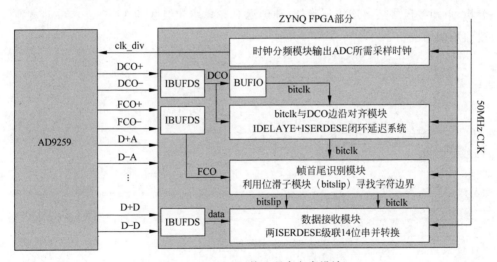

图 2-28　AD9259 接口程序方案设计

方案确定后,便进行代码编写,接收数据。代码编写以有限状态机的方式进行,其状态转换如图 2-29 所示,共 10 个状态,部分核心代码已在图中标明。在接收数据的同时加入了握手信号,在一帧数据解串完毕后,握手信号有效,开始后续数据传输,如此可确保数据有效、精确的采集。

3) ADC 接口时序仿真与测试

AD9259 接口电路代码设计完成,便可进行综合生成 RTL 原理图文件,设计

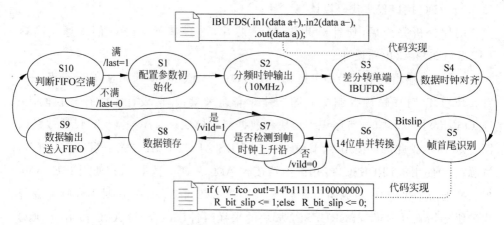

图 2-29 ADC 接口状态转换

完成后的 VIVADO 下 AD9259 接口电路 RTL 原理图如图 2-30 所示。通过图中分析,可知各模块接口连接正确,时钟延迟对齐模块和级联的 14bit 高速串并转换模块均调用成功。

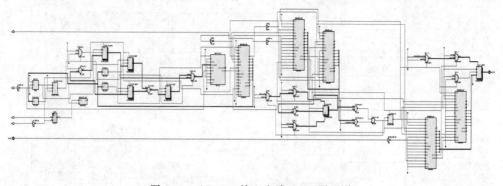

图 2-30 AD9259 接口电路 RTL 原理图

程序综合完成后,进行实现步骤,生成比特流文件。将比特流文件烧录 ZYNQ 芯片中,将前面设计的 AD 采集板供电与 ZYNQ 芯片相连。AD 采集板接入由 ZYNQ 芯片给出的 10MHz 采样时钟,进行 ADC 工作时序测试。测试借助 RIGOL 公司的逻辑分析仪,如图 2-31 所示为逻辑分析仪测得的典型的 LVDS 协议时序波形。AD9259 输出的小周期波形(DCO)的频率为大周期波形(FCO)的 7 倍,符合 ADC 工作时序,说明该 ADC 能够正常工作。

以上工作完成后,进行 AD9259 的采集功能测试。测试条件如下:

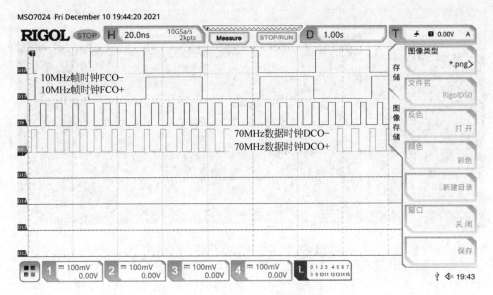

图 2-31　ADC 工作时序测试

（1）AD 采样时钟：10MHz 由 ZYNQ 芯片 PL 部分 50MHz 全局时钟进行分频给出。

（2）AD 测试波形：峰-峰值 2V、1MHz 标准正弦波由信号发生器给出。

测试方法：将设计的高速 LVDS 冲击波超压信号采集系统与信号发生器、计算机相连，将程序烧录 ZYNQ 芯片中，采用软硬件联合调试的方式，使用在线逻辑分析仪（integrated logic analyzer，ILA）抓取进入 AXI-Stream-FIFO 的流数据，查看获取数据是否与信号发生器输出的波形一致。测试结果如图 2-32 所示，采集到的数据以模拟信号的形式给出，为正弦波且无明显失真。后续第 5 章实验部分会进行 ADC 采集分辨率实验，对采集的信号的周期、点数、幅值进行精确分析。

2．高速传输存储模块设计

1）高速传输存储方案分析

获取 ADC 数据后，由于数据传输速率较快，采用 DDR3 SDRAM 进行数据的存储。在同样核心频率下，DDR3 内存能提供两倍于 DDR2 内存的带宽，有效传输频率 1066MHz。由于 DDR3 内存是 PS（ARM 处理系统）端的外设，而 ADC 转换后数据是由 PL 端获取，若要实现数据从 FPGA 端搬移到 DDR3 内存，就涉及 PL-

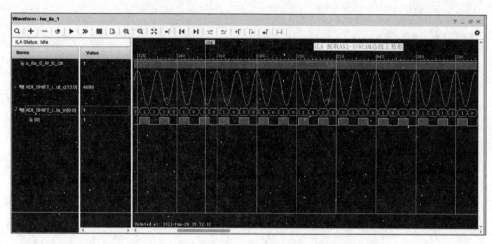

图 2-32　软硬件联合调试 ILA 抓取 AXI 总线数据

PS 的批量数据交互问题,这也是开发 ZYNQ 系列 SoC 芯片的难点与重点。

存储模块具体设计方案如图 2-33 所示,为顺利完成 PL 部分驱动 ADC 芯片采集到的数据与 PS 控制系统的高速批量交互,需采用 AXI4-Stream 总线协议[4]。AXI4-Stream 总线协议是一种高速流数据的总线协议,输入流数据无须考虑写入的具体内存地址,可用于 PS-PL 之间的批量数据交互。因此 FPGA 接收 ADC 采集的数据后,需先经过 AXI4-Stream 协议转换模块,将接收到的 ADC 数据按照 AXI4-Stream 协议的方式传输给 AXI4-Stream FIFO,然后判断 FIFO 是否存满。当 FIFO 存满后,则启动一次 DMA 传输。AXI-DMA 通过 AXI 总线将 FIFO 中的数据读出,存入 DDR3 内存中。同时外部控制信号的传入、DMA 模块的正常工作,均需要合理配置中断系统,以保证数据有序、正确地进入内存,避免造成数据的丢失。

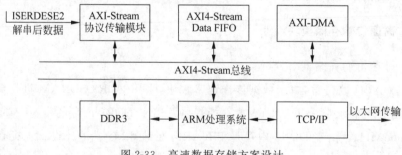

图 2-33　高速数据存储方案设计

2）AXI-Stream 协议转换模块设计

AXI(advanced extensible interface)是一种总线协议,该协议是 ARM 公司提出的 AMBA(advanced microcontroller bus architecture)协议中最重要的部分,是一种面向高性能、高带宽、低延迟的片内总线。它的地址/控制和数据阶段是分离的;支持地址不对齐的数据传输;同时在基于突发的传输(burst_based transaction)中,只需要首地址;具有同时分离的读写数据通道,总共有 5 个独立的通道;并支持显著传输(outstanding transaction)访问和乱序访问,非常容易添加流水线级数以获得高频时序。AXI 技术丰富了现有的 AMBA 标准内容,满足超高性能和复杂的 SoC 设计的需求。AXI 能够使 SoC 以更小的面积、更低的功耗,获得更加优异的性能。

ZYNQ 系列 SoC 支持的 AXI 类型总线共三种,分别为 AXI-Lite、AXI4 和 AXI-Stream。三种总线特性如表 2-9 所示。

表 2-9　不同 AXI 总线协议特性

接口协议	特性	应用场合
AXI-Lite	地址/单数据传输	低速外设或控制
AXI4	地址/突发数据传输	地址的批量传输
AXI-Stream	仅传输数据	数据流和媒体流传输

所选 AXI-Stream 总线为三种总线协议中传输速率最快的,AXI-Stream 协议主要描述了主设备和从设备之间的数据传输方式,主设备和从设备之间通过握手信号建立连接。利用其独特的 VALID/READY 握手机制,可使发送接收双方都有能力控制传输速率。其握手时序为:当从设备准备好接收数据时,会发出 READY 信号。当主设备的数据准备好时,会发出和维持 VALID 信号,表示数据有效。数据只有在 VALID 和 READY 信号都有效时才开始传输。当这两个信号持续保持有效,主设备会继续传输下一个数据。主设备撤销 VALID 信号,或者从设备撤销 READY 信号时,终止传输。接下来从设备的 READY 信号有效,主设备的 VILID 信号有效,数据传输开始。

时序分析完成,编写 AXI-Stream 接口有限状态机,将接收的 AD9259 数据以 AXI-Stream 协议的传输方式,存入 AXI-Stream Data FIFO 的 Slave 接口。其中 AXI-Stream 传输协议时序状态转换如图 2-34 所示。

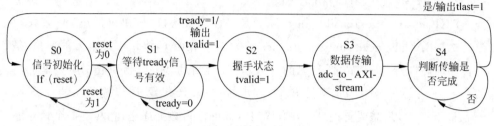

图 2-34　AXI 时序状态转换

3）DMA 传输模块设计

上述 AXI 流接口虽设计完成，但 ARM 却无法通过内存映射的方式控制，因为 FIFO 不存在地址这一概念，因此需要一个转换装置。AXI-DMA 模块便是用来实现内存映射到流式接口的转换。位于 PS 端的 ARM 直接有硬件支持 AXI 接口，AXI-DMA 连接的是 ARM 端的 HP 高性能接口，理论带宽 1200MB/s。

DMA 为 ZYNQ 芯片内部重要的功能模块，是指外部设备不通过 CPU 直接与系统内存交换数据的接口技术。要将外设数据读入内存或将内存数据传送到外设，尤其是对于批量传送数据的情况，采用 DMA 方式可解决效率与速度问题，CPU 只需要提供地址和长度给 DMA，DMA 即可接管总线、访问内存，等 DMA 完成工作后，告知 CPU，交出总线控制权。本系统 DMA 传输模块设计，涉及 ZYNQ 芯片的 PS 和 PL 两部分，因此需要通过 VIVADO Block Design 和 Xilinx SDK 联合开发的方式实现。在 VIVIDO 中调用 AXI-DMA IP 核并配置相关参数，然后与 FIFO IP 核、ZYNQ 芯片处理系统 IP 核进行逻辑连接。利用 SDK 开发 DMA 驱动，DMA 驱动流程如图 2-35 所示。

2.3.3　PS 部分设计

PS 设计在 Xilinx SDK 平台下，通过 C 语言实现千兆以太网传输、GPIO 控制等功能。在 ZYNQ 芯片上移植 Linux 系统需要根据实际使用的外围设备对 ARM 系统进行裁剪，首先需要在 VIVADO Block Design 设计界面中调用 ZYNQ Processing System IP 核，并启用与硬件设备相对应的外设资源，包括 DDR3 高速缓存、SD 卡、千兆以太网、UART 等接口，为 Linux 系统的运行和调试提供硬件支持。配置完成后的 IP 核如图 2-36 所示。

ZYNQ IP 核配置完成后，将其与 PL 部分所设计的模块相连接，共同搭建数据

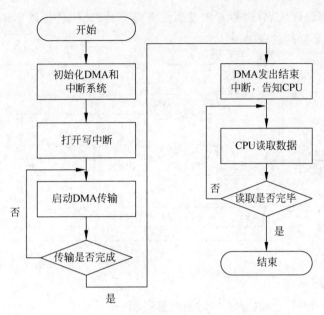

图 2-35　DMA 驱动流程

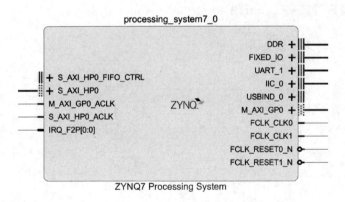

图 2-36　ZYNQ Processing System IP 核

传输链路,经过综合实现等步骤之后,生成并导出 HDF 硬件描述文件,用于 Linux系统的定制。

　　传统的嵌入式 Linux 系统移植方法是修改移植 Bootloader 引导程序,编译Linux 内核,制作文件系统,然后烧录到芯片上启动。在 ZYNQ-7000 系列芯片上移植操作系统的过程比较复杂,需要编译生成需要的启动文件,图 2-37 为移植Linux 到 ZYNQ 芯片的原理框图。在本书中,启动开发板所需的镜像文件采用分步式的方式编译生成,这种方法灵活性高,同时相比于传统的 Petalinux 编译方式,能够省去大量的编译时间。

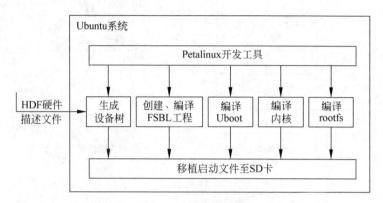

图 2-37 Linux 编译

2.3.4 基于 LMS 的信号滤波器设计

1. 自适应滤波器工作原理

自适应滤波器结构见图 2-38。

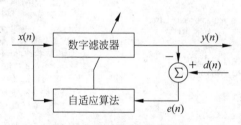

图 2-38 自适应滤波器结构

如图 2-38 所示,输入信号为 $x(n)$,$x(n)$ 中包含了有用信号和夹杂的噪声信号。$y(n)$ 为滤波器的输出信号。$d(n)$ 为期望信号。$e(n)$ 为误差信号,$e(n) = d(n) - y(n)$。数字滤波器系数可变,系数根据某种自适应算法进行调节,调节的目的是使 $e(n)$ 满足某种最佳准则。当 $e(n)$ 满足某种最佳准则时,也即意味着滤波器的输出信号 $y(n)$ 实现了对期望响应 $d(n)$ 的最佳估计[5]。

自适应滤波器的性能和结构是由最佳准则决定的。自适应滤波器所采用的最佳准则有很多种,其中最常用的是递推最小二乘法(recursive least square,RLS)和最小均方准则(least mean square,LMS)。RLS算法以使滤波器输出与期望响应的加权差值最小为准则,对于时变信号RLS算法能实现快速收敛,具有较好的性能,但是代价为计算复杂度高且稳定性差;LMS算法以使得滤波器输出与期望响应之间差值的均方最小为准则,它的特点是收敛速度相对较慢,但是结构简单、运算量小、容易实现且不易出现因工作环境变化而额外增加运算复杂度或出现稳定性问题。因此,从易于实现、适用于实时信号处理的角度考虑,本书采用LMS算法设计滤波器。

基于LMS的自适应滤波器,可以用下面一组递推公式来表示:

$$y(n) = W^H(n)X(n) \tag{2-1}$$

$$e(n) = d(n) - y(n) \tag{2-2}$$

$$W(n+1) = W(n) + 2\mu X(n)e^*(n) \tag{2-3}$$

式中,$W(n)$为滤波权值向量;$X(n)$是从输入信号序列中截取的输入向量,向量长度与滤波权值向量相同;$d(n)$是输入期望信号;$y(n)$是滤波输出信号;$e(n)$是误差信号;μ为步长因子。为了使得LMS算法收敛,步长因子μ应满足$0 < \mu < \lambda_{max}$。λ_{max}是输入信号自相关矩阵特征值的最大值。μ越大则滤波器收敛速度越快,但同时收敛后误差信号也越大。μ越小则滤波器收敛速度越慢,相应地收敛后的误差也越小。

假设输入信号$x(n) = s(n) + N(n)$,其中,$s(n)$为有用信号,$N(n)$为噪声信号。那么输入期望信号$d(n)$的选择一般有两种形式:

(1)滤波器的参考信号输入选为$N(n)$的相关信号,而将同时包含$s(n)$和$N(n)$的$d(n)$作为系统的期望信号输入。此时误差信号$e(n)$为自适应滤波器的输出信号,表示了$s(n)$的估计值,这是最常用的自适应噪声抵消方法。

(2)滤波器的参考信号选为输入信号自身,输入信号经过一定的延时后作为自适应滤波器的输入信号。此时LMS滤波器的输出信号为$y(n)$,$y(n)$为有效信号的估计值。误差信号为$e(n)$。其模型如图2-39所示。

理论依据如下:根据随机信号的自相关函数特性,宽带随机信号的自相关函数迅速衰减至零,窄带随机信号的自相关函数则衰减缓慢。窄带随机信号$s(n)$的自相关函数比宽带随机噪声$N(n)$的自相关函数宽度要长些。因此选择合适的延迟时间Δ时,信号$N(n)$与$N(n-\Delta)$将不再相关,而$s(n)$与$s(n-\Delta)$仍然保持较好的相关性。所以设计自适应滤波器时,滤波器的输入信号$x(n)$是期望信号$d(n)$的时延,即$x(n) = d(n-\Delta)$,输出$y(n)$将是$s(n)$的最佳估计。

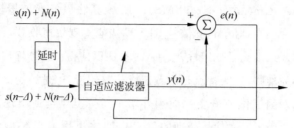

图 2-39   自适应滤波器模型

以下推导解释了滤波器输出 $y(n)$ 为信号 $s(n)$ 的最小均方估计：

误差表达式为

$$e(n) = s(n) + N(n) - y(n) \tag{2-4}$$

等式两边平方，得

$$e^2(n) = s^2(n) + N^2(n) + y^2(n) + 2s(n)N(n) - 2s(n)y(n) - 2N(n)y(n) \tag{2-5}$$

对两边取期望，得

$$E[e^2(n)] = E[s^2(n)] + E[N^2(n)] + E[y^2(n)] +$$
$$2E[s(n)N(n)] - 2E[s(n)y(n)] - 2E[N(n)y(n)] \tag{2-6}$$

由于 $s(n)$ 与 $N(n)$ 不相关，$N(n)$ 与 $y(n)$ 不相关，于是得

$$E[e^2(n)] = E[s^2(n)] + E[N^2(n)] + E[y^2(n)] - 2E[s(n)y(n)]$$
$$= E[(s(n) - y(n))^2] + E[N^2(n)] \tag{2-7}$$

调节滤波器系数，使得 $E[e^2(n)]$ 最小时，噪声功率 $E[N^2(n)]$ 不受影响，相应的最小输出功率为

$$E_{\min}[e^2(n)] = E_{\min}[(s(n) - y(n))^2] + E[N^2(n)] \tag{2-8}$$

即 $E_{\min}[(s(n) - y(n))^2]$ 达到最小，所以 $y(n)$ 即为信号 $s(n)$ 的最佳均方估计。

对于大多数测量背景而言，很难获取相关噪声信号。但是由于有用信号是窄带信号，而噪声是宽带信号，利用有用信号和噪声的相关性的不同，可以实现滤波器的设计。

2. 自适应滤波器关键参数选取方法

由上述内容可知，噪声不相关时自适应滤波器有三个关键参数：时延长度 Δ、滤波器阶数 N、步长因子 μ。下面对自适应滤波器参数的选取进行仿真分析。

　　为了使得仿真结果符合 FPGA 实现过程,在仿真过程中需要注意对数据的描述方法。在工程计算中常用的数制有两种,一种是浮点数,一种是定点数。浮点数可以最大限度地保证运算过程中的数据的动态范围以确保数据准确度,但是浮点计算耗时长,硬件开销大,不易于硬件实现。因此我们考虑采用定点数来实现 LMS 算法。仿真时输入数据为 12bit 整型数据,计算过程中按照定点数计算,其中信号表示为{1bit 符号位+2bit 整数位+9bit 小数位},权值系数表示为{1bit 符号位+2bit 整数位+15bit 小数位}。

　　后文中图片所用"信号值"表示 ADC 对加速度信号的量化值,每单位信号值表示约 $0.029\mathrm{m/s}^2$。

　　1) 时延长度 Δ

　　时延长度 Δ 的选取,应使有用信号保持较大的相关性,同时让噪声信号几乎不相关。可以用自相关函数来考察选取不同时延长度 Δ 对信号相关性的影响,自相关函数如下。

$$R_{xx}(\Delta)=E\big[x(n)x(n-\Delta)\big] \tag{2-9}$$

　　截取包含有用信号的震动数据以及只包含噪声的数据分别进行自相关运算,并将计算结果归一化。相关运算结果如图 2-40 所示。

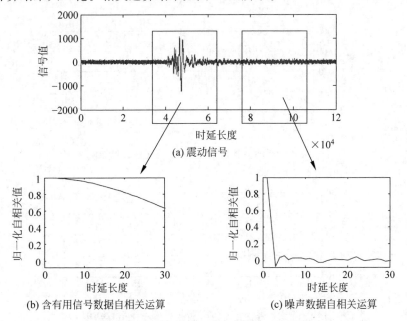

图 2-40　信号及噪声分别自相关运算结果

试验得到结论,在 4kHz 采样率下的震动信号,时延长度 Δ 的取值为 6 以上时,噪声 $N(n)$ 与 $N(n-\Delta)$ 将基本不再相关,有用信号 $s(n)$ 与 $s(n-\Delta)$ 保持较大的相关性。

2) 滤波器阶数 N

滤波器设计时,需要选取一个恰当的滤波器阶数 N。若 N 选取过小,会使滤波误差增大,起不到滤波效果,甚至可能会导致 LMS 算法无法收敛。而选择较大的 N,会增加计算复杂度,进而消耗更多的硬件计算资源。

生成一个适于表示震动波的阻尼拉伸正弦子波来表示震动信号。对其加入信噪比为 10dB 的噪声。固定步长因子 μ,改变滤波器阶数 N 进行仿真,仿真结果如图 2-41～图 2-43 所示。

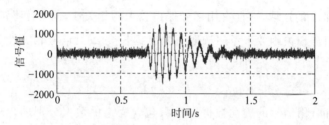

图 2-41　10dB 噪声震动子波仿真信号

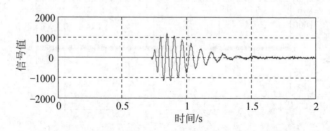

图 2-42　滤波器阶数 $N=12$ 滤波仿真结果

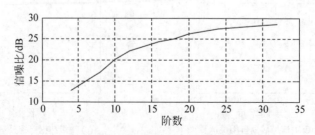

图 2-43　不同滤波器阶数滤波后信噪比仿真结果

当步长因子一定时,增加滤波器阶数 N,滤波性能更好。综合考量滤波效果与硬件设计难度,本书认为选取阶数 $N=12$ 是比较合适的。

以实际信号进行仿真测试,也有相同的结果。实测数据的仿真结果如图 2-44 所示,就给定的信号而言,当 $N>12$ 时滤波效果已经相差不是很大。

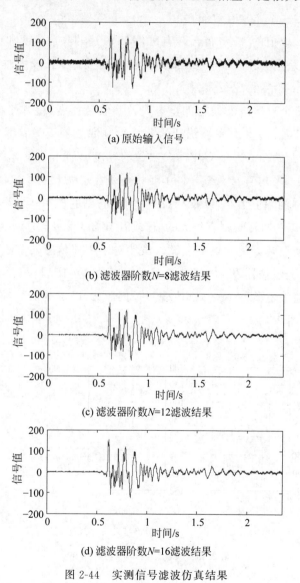

(a) 原始输入信号

(b) 滤波器阶数N=8滤波结果

(c) 滤波器阶数N=12滤波结果

(d) 滤波器阶数N=16滤波结果

图 2-44　实测信号滤波仿真结果

3) 步长因子 μ

FPGA 设计时应当考虑到尽量减少资源的使用,比如尽量避免直接使用系数乘法。例如,在计算式(2-3)时,步长因子要参与乘法运算,可以对步长因子 μ 作特殊设定,取步长因子 $\mu = 2^k$(k 为整数),这样可以用位移运算代替乘法运算。实践证明这种处理方法是非常有效的。

步长因子 μ 取值的大小,将会影响到 LMS 算法的收敛速度和稳态误差。步长较小时,稳态误差也会比较小,但收敛速度就会变慢;步长较大时,收敛速度就会变快,但稳态误差会变得比较大。

传统分析一个自适应滤波器的稳态误差和收敛速度,是基于以下思路:以周期信号为参考信号,用多次实验统计的方法绘制滤波器误差信号 $e(n)$ 及其权值 $W(n)$ 从零时刻开始向 $e(\infty)$ 及 $W(\infty)$ 收敛的速度。而本节设计的滤波器需要考虑处理瞬态信号,采用直接观察 $e(n)$ 和 $W(n)$ 的方法来估计滤波器性能。其中 $e(n)$ 在初至时刻的幅值大小,以及 $W(n)$ 在初至时刻的斜率,可以表征滤波器的响应速度。当 $e(n)$ 在初至时刻有较大的值,或者 $W(n)$ 在初至时刻变化速率过慢,会使得震动信号初至时刻跳变点变模糊。虽然对于相邻传感器节点来说,这种影响几乎是同步的,但滤波器设计过程中还是尽量减少这种影响。

下面固定滤波器阶数 $N = 12$,改变步长因子 μ,以实测信号进行滤波测试,结果见图 2-45 和图 2-46。

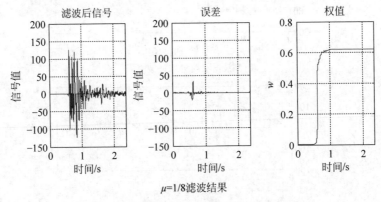

图 2-45　实测信号滤波仿真结果 1

由以上仿真结果可知,当 μ 值过小时,收敛速度慢,在震动初至时刻滤波系数跟踪性能差,造成初至信号跳变点模糊。当 μ 值过大时,收敛速度快,但滤波效果

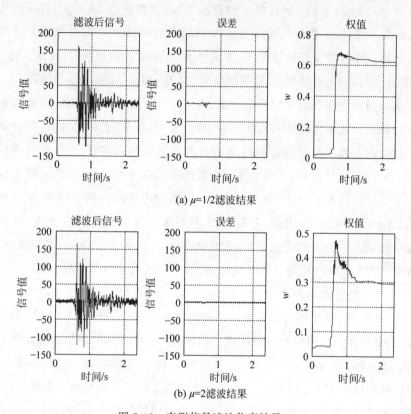

(a) $\mu=1/2$ 滤波结果

(b) $\mu=2$ 滤波结果

图 2-46　实测信号滤波仿真结果 2

变差。针对瞬态震动信号的自适应滤波,需要优先满足收敛速度,在此基础上提升滤波效果,综合考虑选取 $\mu=1/2$。

4) LMS 自适应滤波器的 FPGA 实现

(1) LMS 滤波器系数字长选取方法。

在数字信号处理系统中,特别是包含反馈的系统中,乘法运算导致的字长增长可以通过对结果进行量化来截短或限制。确定各级运算字长需要注意 3 点:①尽可能确保各级运算不会发生数据溢出的情况,以保证运算正确;②尽可能使得更多的有效位参与计算,以保证运算精度;③合理使用 FPGA 芯片包含的硬件资源。Xilinx 系列 FPGA 内部集成的 DSP 乘法器一般为 18bit×18bit 乘法器,因此从易于工程实现的角度考虑,最多采用 18bit 的定点数制来实现设计。

本书将输入数据看作 12bit 整型数据,表示为{1bit 符号位＋2bit 整数位＋9bit

小数位},简写为 $x(3,9)$;将权值系数看作 18bit 整型数据,表示为{1bit 符号位+2bit 整数位+15bit 小数位},简写为 $w(3,15)$。滤波计算过程中涉及大量的加法和乘法运算。在有限字长的情况下,若两个 N 位的定点数相加,计算结果为 $N+1$ 位;若两个 N 位的定点数相乘,计算结果为 $2N$ 位,即 $y(6,24)=w(3,15)x(3,9)$。

在相加相乘操作之后中间变量增多,占用硬件资源会增加,因此需要对数据进行截取和舍入。其中的加法和减法操作,两个数"小数点"必须对齐,否则计算结果错误。如果两个数小数点位置不同,在做加法或者减法运算时,首先扩展整数部分长度较小的数的符号位,使其与另外一个数的整数部分长度相同,然后将小数部分长度较小的数进行补 0 操作,使其与另外一个数的小数部分长度相同,这样两个数的小数点位置相同、长度相同,计算结果才正确。为了方便工程实现,滤波结果 $y(n)$ 依旧选择用 12bit 的位宽来表示,即 $y(3,9)$。$y(n)$ 和 $d(n)$ 二者相减时,小数点对齐,相减结果为 $e(3,9)$。在其他步骤的计算中,也采用类似的方法。

(2) LMS 滤波器结构设计。

FPGA 设计时首先要考虑资源占用和时钟运行速度。已知 FLASH 数据读取速度不超过 2MB/s。FPGA 电路使用的时钟频率为 50MHz,通过内部时钟管理器的锁相环(phase locked loops,PLL)和数字时钟管理器(digital clock manager,DCM)资源可以实现 400M 的稳定内部时钟。对于滤波过程中涉及的乘法运算,使用两个乘法器 IP 核足以满足设计的需要。本书使用了数据时钟(clk_din)和系统时钟(clk)的双时钟设计,以系统时钟驱动运算模块或状态机,数据时钟与数据输入(din)同步。

为了便于说明各个模块,将 12 阶 LMS 滤波器实现的时序设计具体过程描述如下:

步骤 1,输入数据 $x(n)$ 移位寄存:$x_i=x_{i-1}(i=1,2,\cdots,11)$

步骤 2,滤波计算:$dy_i=w_i\times x_i(i=1,2,\cdots,11)$

步骤 3,计算滤波结果:$\mathrm{yout}=\sum_{i=0}^{11}dy_i$

步骤 4,误差计算:$e=\mathrm{din}-\mathrm{yout}$

步骤 5,权值更新步长计算:$dw_i=2\mu x_i\times e$

步骤 6,更新权值:$w_i=w_{i-1}+dw_i$

其中,步骤 2 和步骤 5 需要乘法器,每个乘法器在一个数据周期中复用 12 次。

　　设计分为四个模块,串行完成上述步骤,各个模块输入端口 start 收到脉冲信号后开始工作,各个模块输出 endM 脉冲信号表示完成本模块工作,前一模块的 endM 与后一模块的 start 输入相连,完成串行时序控制。设计的总体框图如图 2-47 所示。各个模块工作流程如下。

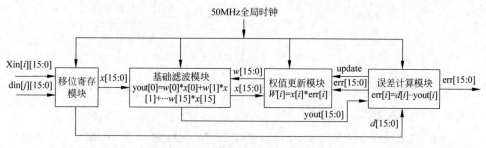

图 2-47　LMS 滤波器顶层模块视图

　　① M_XnDnWn 模块用来锁存数据输入和滤波系数,主要完成步骤 1 和步骤 6 的工作。该模块使用系统时钟(clk)检测数据时钟(clk_din)的上升跳变沿,当检测到数据时钟(clk_din)的上升跳变沿时,认为新数据 din 到来,开始输入数据锁存及移位操作。数据移位操作如图 2-48 所示,数据输入 din 在延迟 6 个数据周期后 $(d_1 \sim d_6)$,再进入移位锁存 $x_0 \sim x_{11}$,将作为滤波器的输入向量。完成移位操作后保持输出 $x_0 \sim x_{11}$($(w_0 \sim w_{11})$ 为滤波器权值向量),输出脉冲信号 endM 通知 M_filter 模块开始工作。

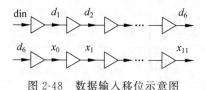

图 2-48　数据输入移位示意图

　　② M_filter 模块完成步骤 2:滤波计算操作。当该模块输入端口 start 接收到脉冲信号时,控制对应的输入数据 x_i 和 w_i 相乘,相乘结果输出到对应的端口 dy_i。这一步中使用了一个 12bit×18bit 的乘法器,乘法器的输出结果会在数据输入之后的下一个时钟沿输出。设计状态机调用乘法器完成顺序计算,状态机如图 2-49 所示。

　　③ M_addy 模块完成步骤 3 的累加计算以及步骤 4 的误差计算。

　　④ M_Weight 模块完成步骤 5 的计算,使用了一个 12bit×12bit 的乘法器顺

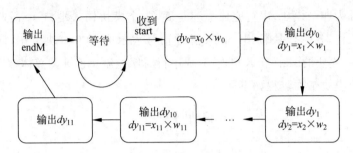

图 2-49 M_filter 模块状态机示意图

序计算 dw_i 值,状态机设计过程与 M_filter 模块相似,计算结果根据步长因子 μ 的选取进行移位操作。

⑤ M_XnDnWn 模块的 start 端口连接 M_Weight 模块的 endM 信号,当接收到脉冲信号时,将输入的权值更新量与本身保存的权值系数相加,完成步骤 6。在这之后,M_XnDnWn 模块等待下一个数据时钟(clk_din)的上升跳变沿。当自适应滤波器 Verilog 代码设计即硬件实现完成后,综合生成 RTL 仿真原理图。

图 2-50 为 16 阶 LMS 自适应滤波 RTL 设计图。

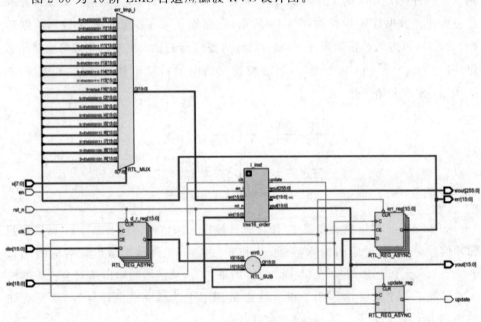

图 2-50 16 阶 LMS 自适应滤波 RTL 设计图

如图 2-51 所示,将 ADC 采集的冲击波超压信号 d 作为期望信号,延时 6 个数据点后的 X 作为输入信号,进行 16 阶 D-LMS 自适应迭代滤波运算,待最小均方误差达到最小时输出的信号即为滤波后信号。将原信号与滤波后信号进行比较可以看出,该片上自适应降噪算法滤波效果明显,可满足很多对实时性要求较高的场景。

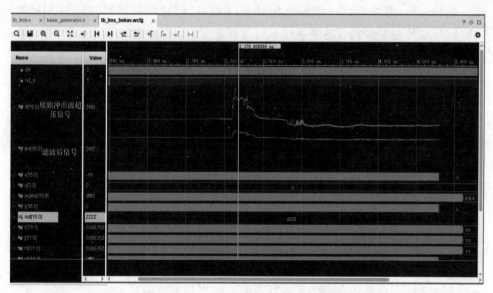

图 2-51　冲击波超压信号自适应滤波

2.3.5　瞬态物理场重建参数硬件提取方法

1. 特征参数相关理论

声音在时域上不断变化,难以识别,需要特征来揭示其本质及个性信息,这就是声音特征。通过特征提取,可以抽象出更加高级的信息,以更加紧致的形式表现。特征提取和编码方式的不同,可以提供不同的特征序列,反映声音的特性。不同类型的音频信号,特征提取各有针对性和侧重点。合理的特征提取,不仅能提高声音识别的准确性,还具有更好的抗干扰性。

梅尔频率倒谱系数(Mel Frequency Ceptral Coefficients,MFCC)是根据人耳的听觉特性提出的一种音频特征,最初用来表征人类的声道特征,但是研究证明

MFCC 是一种在不同音质和基音下都相当稳定的一种特征参数,因此被广泛应用于音频识别与检测领域。由于这种特征不依赖于信号的性质,对输入信号不做任何的假设和限制,又利用了听觉模型的研究成果,因此,在有信道噪声和频谱失真的条件下具备较好的鲁棒性,而且当信噪比降低时仍然具有较好的识别性能。

在计算 MFCC 时,需要将音频信号的物理信息(主要包括频谱的包络和细节)进行编码运算,最终得到一组特征向量,这组特征向量就是提取得到的 MFCC。MFCC 可以体现音频信号的能量在不同频率范围内的分布情况。MFCC 特征提取的步骤包括预加重、分帧、加窗、快速傅里叶变换(fast Fourier transform,FFT)、求模、梅尔滤波、求对数、离散余弦变换(discrete cosine transform,DCT),如图 2-52 所示[6]。

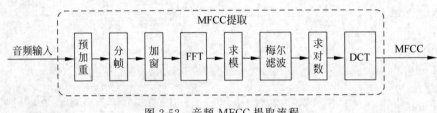

图 2-52　音频 MFCC 提取流程

1) 预加重、分帧、加窗

预加重的本质是将音频信号通过一个一阶有限激励响应的高通滤波器,其目的是提高信号的高频部分,使信号的频谱更加平坦,并且保持在整个低频至高频的频带中可以使用同样的信噪比求频谱。该滤波器的时域表示形式如式(2-10)所示。

$$y(n) = x(n) - 0.95 \times x(n-1) \tag{2-10}$$

式中,$x(n)$ 为输入信号序列,$y(n)$ 为输出信号序列。

音频信号是非平稳信号,其统计属性是随着时间变化的,但是,音频又具有短时平稳的属性,比如声源,往往只会持续几十毫秒,在这一段时间中,信号表现出明显的稳定性、规律性,因此对于声音的特征提取过程也是以较小的时间单元为单位进行的,可以用滑动窗来提取短时片段,即分帧操作。同时为了增强帧与帧之间的连贯性,让特征参数变化得更加平滑,在分帧过程中,需要在相邻的两帧之间有所重叠。

加窗是将输入的数据帧与已知的窗系数按位置对应相乘后输出,音频数据在经过分帧操作后输出为若干帧数据,若对每帧数据直接进行 FFT 运算,对帧数据进行周期拓展时,在两端端点值不连续的情况下,这些不连续的片段在频谱上会成为高频成分,使得 FFT 运算得到的频率包含不属于原信号的实际频率,即出现频谱泄漏效应。为了避免上述情况出现,可以通过对帧数据加对应帧长的窗函数来减少有限序列边界的不连续性,进而减小频谱泄漏造成的不良影响。

2) FFT、求取功率谱

FFT 是离散傅里叶变换的快速算法,可以将一个信号的时域信息转变为频域信息,具备处理时间短和易于实现的优点,广泛应用于数字图像处理、音频信号分析、参数估计以及信号检测等多个领域。假设声音信号为 $y(n)$,N 表示傅里叶变换点数,$Ya(k)$ 为频域信息,FFT 计算公式如式(2-11)所示。

$$Ya(k) = \sum_{n=0}^{N-1} y(n)\mathrm{e}^{\frac{-\mathrm{j}2tk}{N}}, \quad 0 \leqslant k \leqslant N \tag{2-11}$$

FFT 的结果是 N 个复数值,其物理意义是信号在这 N 个频率点处的幅值和相位。由于是复数值,无法直接应用于后续算法中,因此需要计算各点处的模长以求取功率谱。

3) 梅尔滤波、求对数

根据对人耳听觉机理的研究,人耳对于赫兹频率域内的声音并不是线性感知关系,如果把音调频率从 $1000\,\mathrm{Hz}$ 提高到 $2000\,\mathrm{Hz}$,人耳只能发现频率提高了一些,无法察觉频率提高了一倍。而梅尔频率就是基于此提出来的一种非线性刻度,在该刻度上,人耳对于频率的感知为线性关系,即在梅尔刻度下,如果声音的梅尔频率相差两倍,那么人耳感知到的音调也会相差两倍。由频率刻度转化为梅尔刻度的映射关系如式(2-12)所示。

$$\mathrm{mel}(f) = 2595 \times \lg(1 + f/700) \tag{2-12}$$

梅尔滤波器是指一组带通滤波器,其子带在梅尔频域是均匀划分的,相邻的子带有一半重叠,在自然频域内低频窄高频宽,与人耳的听觉特性相符。将每个子带输出子带能量之和作为特征来表征这个频率段的能量水平,进而得到 26 个特征。梅尔滤波器组的构造过程如下:

(1) 确定梅尔刻度范围:刻度范围左端为 0,右端为 $fs/2$;

(2) 确定梅尔滤波器个数:26;

(3) 在梅尔刻度范围内等间隔地插入 26 个位置,得到 28 个不同的梅尔刻度;

（4）将上述 28 个梅尔刻度转换为频率；

（5）计算 28 个谱线索引号；

（6）得到滤波器系数矩阵,矩阵大小为 26×512。

构造完成的等高梅尔滤波器组如图 2-53 所示。

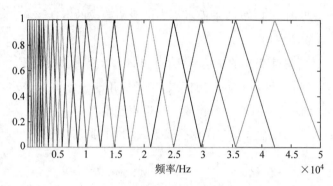

图 2-53　梅尔滤波器组

　　在声音信号中,细节作为声音中的重要组成部分,同样能够起到表征声音特性的作用。但是在线性谱中,由于其幅值较小的缘故,在对比度过高的情况下,采用神经网络模型时会忽略这部分细节,而求取对数可以将线性谱转换为非线性谱,从而放大细节部分,更好地表征声音特性。

　　4）DCT

　　为了提高对于相关性高的特征的识别能力,需要对数据进行去相关操作。

　　DCT 是一种用于对信号和图像进行压缩的变换,能够将空域的信号转换到频域上,具有良好的去相关性的性能。DCT 的作用是获取频谱的倒谱,其中,倒谱的低频分量为频谱的包络,高频分量为频谱的细节部分。

　　经过前述操作后的数据,由于梅尔滤波器组的子带之间有重叠,因此计算求得的 26 个特征之间具有相关性,使用 DCT 对数据进行去相关并且降至 13 维,包括 $C_0 \sim C_{12}$,DCT 如式（2-13）所示。

$$\text{MFCC}(n) = \sum_{m=1}^{M} \lg[H(m)] \cdot \cos\left[\frac{\pi n(2m-1)}{2M}\right] \tag{2-13}$$

式中,$H(m)$ 为前述所得的 26 个特征；M 为梅尔滤波器的个数；n 为输出元素的位置。DCT 的结果为 26 个系数,13 维指前 13 个系数,因为经过 DCT 之后,系数会依次递减,并且在 13 个系数之后几乎都为 0,因此留下前 13 个系数作为参数,并且将第一个系数替换为该帧数据的对数能量系数。

2. 硬件实现

根据对 MFCC 的分析,在 VIVADO 中通过编写 Verilog 代码并调用 DSP 处理 IP 核实现 MFCC 特征参数的提取,音频信号经过 MFCC 提取算法可得到每帧 13 维的 MFCC 特征参数,13 维的静态系数由 1 维对数能量系数加上 12 维 DCT 系数构成,能量系数可用于区分该帧是否为有效帧。算法的硬件实现流程如图 2-54 所示[7]。

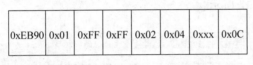

图 2-54　MFCC 硬件实现流程

步骤 1:数据类型转换

在使用 FPGA 实现算法时,出于运算速度与实现面积的综合考虑,通常使用 Q 格式数据或者浮点数据计算,为保证算法实现的精度,本书采用 IEEE 754 标准的单精度浮点数表示数据。声音信号经过 ADC 驱动模块后,转换为量化后的 16bit 位宽的量化值,此处需要将 16bit 位宽的量化值转换为浮点型数据,使用 Xilinx 官方的 IP 核 Floating-point 实现此功能,配置完成后的 IP 核接口如图 2-55 所示。

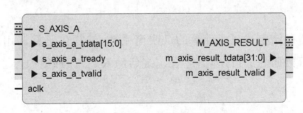

图 2-55　Floating-point 数据格式转换 IP 核

步骤 2:预加重

根据前面对预加重算法的分析,在 VIVADO 开发软件中通过编写代码调用寄存器以及浮点型运算 IP 核实现预加重功能,综合实现后的 RTL 原理图如图 2-56 所示。

步骤 3:分帧

分帧模块在设计时,为了节省 FPGA 片内资源,摒弃了目前常用的使用 FIFO

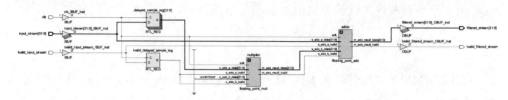

图 2-56　预加重模块 RTL 原理图

实现的方式,而是在 VIVADO 中设计代码调用移位寄存器来实现,从而在避免对 FIFO 复杂的读写控制的同时,最大限度地节省资源。综合实现后的分帧单元 RTL 原理图如图 2-57 所示。

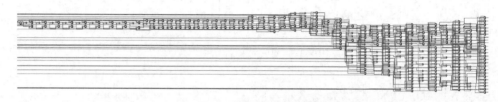

图 2-57　分帧单元 RTL 原理图

步骤 4：加窗

完成窗函数选取后,通过式(2-14)计算得出 512 点窗长的汉明窗各点的系数, 并将其转换为 IEEE 754 标准的单精度浮点型数据供后续使用。

$$W(n) = 0.54 - 0.46\cos\left(\frac{2\pi n}{N}\right) \quad 1 \leqslant n \leqslant N, N = 512 \quad (2\text{-}14)$$

使用寄存器存储上述完成计算的汉明窗系数,编写代码并调用浮点型运算 IP 核实现对分帧后数据的加窗运算,综合实现后的 RTL 原理图如图 2-58 所示。

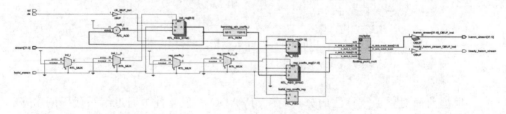

图 2-58　加窗模块 RTL 原理图

步骤 5：FFT、求取功率谱

在经过预加重、分帧和加窗操作后,数据被切分为若干帧 512 点帧长的数据,且每帧数据可能出现的频谱泄露现象已被最大限度地减小。对于上述数据,在ZYNQ芯片中设计硬件电路完成对帧数据的频谱提取。针对这一数字信号处理过程,Xilinx官方提供DSP处理IP核,极大程度地降低了FPGA部分的设计难度,同时保证了数据处理的正确性。

FFT运算IP核包含五个通道的接口,分别为配置通道、数据输入通道、数据输出通道、状态通道以及事件信号,其中除事件信号外,其余通道均支持AXI-Stream协议,在编写驱动时可直接通过该协议实现对FFT输入输出数据流的控制,该IP核接口如图2-59所示。

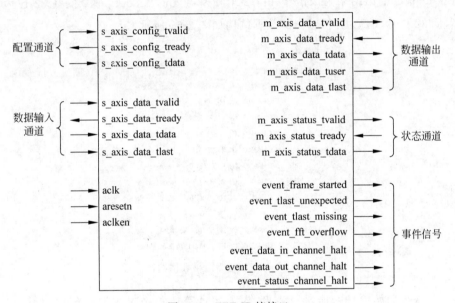

图 2-59　FFT IP核接口

在VIVADO中调用FFT IP核,并查阅IP核手册pg109文档对相关参数进行配置,完成调用,关键参数配置如下:

转换长度:512点。

FFT架构选择:Pipelined,Streaming I/O。

输入数据类型:Floating Point。

输出顺序:Natural Order。

按照上述参数对FFT IP核进行配置,配置完成后的IP核如图2-60所示,以100MHz频率时钟运行则需要 $21.83\mu s$,可以满足本系统对于实时性的需求。

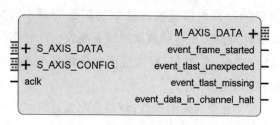

图 2-60　FFT 数据处理 IP 核

对于一帧数据,512 点长度 FFT 运算的结果可以体现该信号的幅频特性,因此 FFT IP 核的输出结果为该信号在 512 个频率点处的复数值,每个值高 32 位为虚部,低 32 位为实部,IP 核输出的数据结构如图 2-61 所示。

M_AXIS_DATA - TDATA

Transaction	Field	Type
0	CHAN_0_XN_IM_0(63:32)	float_single
	CHAN_0_XN_RE_0(31:0)	float_single
1	CHAN_0_XN_IM_1(63:32)	float_single
	CHAN_0_XN_RE_1(31:0)	float_single
2	CHAN_0_XN_IM_2(63:32)	float_singlc
	CHAN_0_XN_RE_2(31:0)	float_single
3	CHAN_0_XN_IM_3(63:32)	float_single
	CHAN_0_XN_RE_3(31:0)	float_single
⋮		
511	CHAN_0_XN_IM_511(63:32)	float_single
	CHAN_0_XN_RE_511(31:0)	float_single

图 2-61　FFT 运算结果数据结构

为获得原始信号的能量谱密度,对上述计算所得结果求取模值,然后除以点数。编写 Verilog 代码并调用浮点型运算单元实现上述功能,综合实现后的 FFT 模块 RTL 电路如图 2-62 所示。

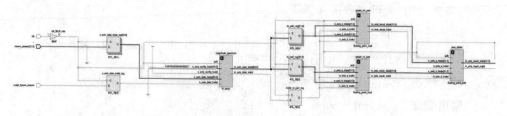

图 2-62　FFT 模块 RTL 电路

步骤6：梅尔滤波

根据前述梅尔滤波器组的构造过程，使用 MATLAB 软件计算求得各频率段内梅尔滤波器的系数，并转换为 IEEE 754 标准的单精度浮点型数据，在 VIVADO 软件中将系数以及频率点预先存入寄存器，编写 Verilog 代码并调用浮点型运算单元实现梅尔滤波，完成后的梅尔滤波单元 RTL 电路如图 2-63 所示。

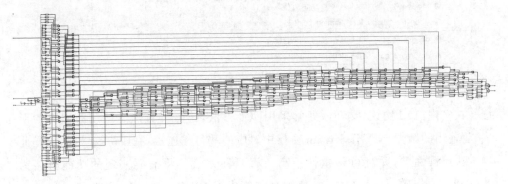

图 2-63　梅尔滤波 RTL 电路

步骤7：DCT

根据前述 DCT 的计算公式，使用 MATLAB 软件计算求得 DCT 所需的系数，并转换为 IEEE 754 型单精度浮点型数据，使用 VIVADO 开发软件将系数预先存入寄存器中，然后编写 Verilog 代码并调用浮点型运算单元实现 DCT，综合实现后的 RTL 电路如图 2-64 所示。

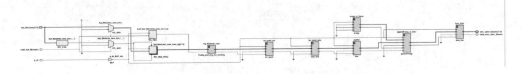

图 2-64　DCT 单元 RTL 电路

3. 自定义 IP 核 MFCC 特征参数提取设计

综上所述，完成 MFCC 特征参数提取中各单元的设计后，编写顶层文件例化上述单元，并逻辑连接各个单元的输入输出端口，保证数据流的正确。图 2-65 为 MFCC 特征参数提取模块的顶层架构[8]。

为实现 PL 与 PS 之间的数据交互，需将 MFCC 与 AXI 型数据缓存 IP 核相连

图 2-65   MFCC 特征参数提取模块顶层架构

接。在实现 AXI 协议转换时,通常采用两种方法,第一种方法是使用源文件的形式,将输出的数据与 AXI-Stream 协议中对应的端口相连接,完成协议转换,但是此种方法可读性差,并且可移植性不高。第二种方法是将需要实现的功能封装为 AXI-Stream 型的专用 IP 核,在使用时实例化该 IP 核,连接相应的输入输出端口即可,这种方法在设计时有一定的难度,但其可读性、灵活性以及可拓展性相对较高,同时能够更加方便地对系统中存在的问题进行排查。

本书使用第二种方法完成 AXI-Stream 协议的转换,在 VIVADO 开发平台上对整体的 MFCC 特征参数提取过程进行封装,封装过程的难点为 MFCC 输出的信号包括数据以及使能信号与 AXI-Stream 端口的对应关系,封装完成的 IP 核如图 2-66 所示。

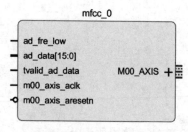

图 2-66   MFCC 运算 IP 核

4. 特征提取仿真

对于特征提取各步骤的仿真基于 VIVADO 2018.2 仿真环境进行,仿真时,部分步骤的输入数据由 MATLAB 工具生成,作为测试文件读入仿真文件中。声场特征提取的部分步骤在 VIVADO 软件中的仿真效果不明显,因此将仿真结果与它在 MATLAB 软件中实现的结果相对比,进而体现仿真测试结果的精准度。其次,MATLAB 软件运算过程中所使用的数据均为双精度浮点型,而 MFCC 提取在硬件实现过程中使用的数据格式为单精度浮点型,因此两者的运算结果会存在一定误差,下述所有仿真的运行时钟均为 100MHz。

1）数据类型转换仿真结果

编写 testbench 文件,调用配置完成的 Floating point IP 核进行仿真,结果如图 2-67 所示,输入 IP 核的数据为十进制数 12,转换完成后的数据输出结果为单精度浮点型数据 41 400 000,计算正确,同时计算延时为一个时钟,与 IP 核预设的计算延时相符。

数据输入:12

数据输出:41 400 000

图 2-67　数据类型转换仿真结果

2）预加重仿真结果

对预加重模块的仿真使用 Remington 声源信号作为输入信号。图 2-68 为使用 MATLAB 工具对信号预加重处理的结果,通过对比两图可以看出,预加重处理前后的波形基本一致。

3）分帧仿真结果

为体现分帧的效果,使用预设数 1~4096 作为分帧单元的输入信号,仿真结果如图 2-69 所示。根据输出波形,在 tvalid_framing_stream 拉高即输出数据有效期间,帧长为 512 点,并且每帧数据相较于前一帧数据偏移为 256 点,与预设的帧长和帧移相符。

4）加窗仿真结果

对加窗单元进行仿真时,使用 1kHz 频率的正弦波作为输入信号,仿真结果如图 2-70 所示。图中 window_coe 为汉明窗波形,wav_after_window 为加窗后的数据波形,加窗后的波形符合汉明窗的波形规律。

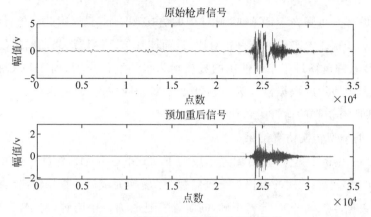

图 2-68 MATLAB 中预加重运算结果

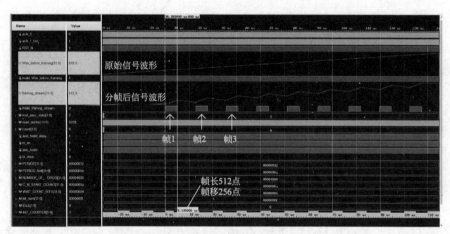

图 2-69 分帧仿真波形

图 2-70 加窗仿真波形

5）FFT 仿真结果

对 FFT 模块仿真时，输入信号为使用 10kHz 采样率对频率成分为 1kHz 和 2kHz 的正弦波采样并加汉明窗所得的信号，仿真结果如图 2-71 所示。

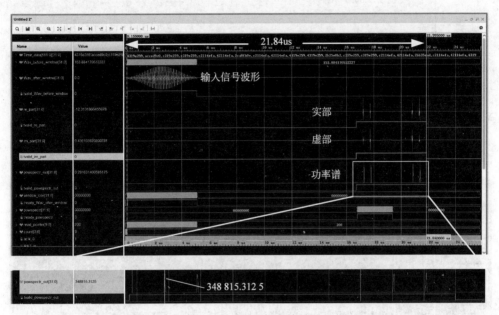

图 2-71　FFT 仿真结果

根据上述结果，FFT 计算时延为 $21.84\mu s$，与 IP 核配置的时延相符；仿真波形在第 51 个点和第 102 个点处的两个峰值，反映的频率成分为 1kHz 和 2kHz，与原始信号的频率成分相符；同时，VIVADO 仿真图中第 51 个点处的峰值为 348 815，MATLAB 软件运算结果中第 51 个点处峰值为 350 500（图 2-72），计算结果相吻合。

6）梅尔滤波仿真结果

梅尔滤波的仿真使用前述 FFT 运算所得的功率谱密度作为输入数据，如图 2-73 中 powspectr 的波形所示，梅尔滤波计算结果如图 2-73 中 mel_filter_output 所示，共输出 26 个有效数据，其中第 17 个输出峰值为 279 116.187 5。

使用 MATLAB 软件对该能量谱密度作梅尔滤波运算，输出结果如图 2-74 所示，在第 17 个点处峰值为 279 700，运算结果吻合。

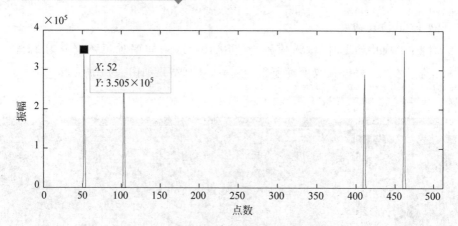

图 2-72　MATLAB 软件中 FFT 运算结果

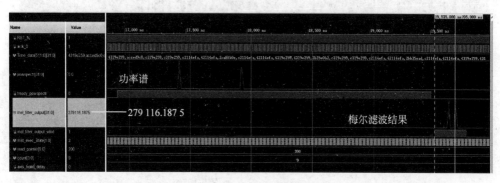

图 2-73　梅尔滤波仿真结果

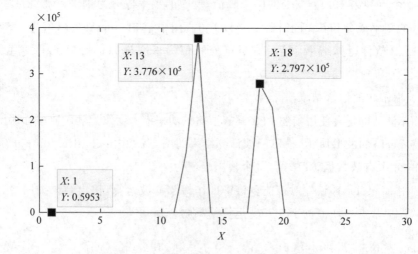

图 2-74　MATLAB 软件中梅尔滤波运算结果

7）DCT 仿真结果

对 DCT 的仿真使用梅尔滤波结果作为输入信号，如图 2-75 中 feat_filterbanks 的波形所示，输出结果如图 2-75 中 mfcc_appended_energy 的波形所示，输出结果共 13 个有效数据，其中第 1 个为帧能量，后续 12 个为 DCT 系数。

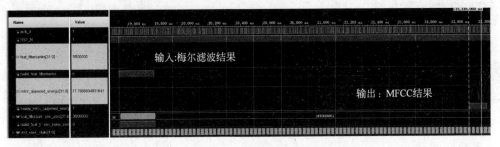

图 2-75　DCT 仿真结果

8）整体仿真结果

前面已经对 MFCC 特征提取各步骤进行了仿真验证，而 MFCC 特征提取是各步骤的整合，涉及数据流以及时序的精准控制，因此需要对特征提取的整体功能进行验证。由于时间尺度较小，整体的仿真效果并不明显，因此针对时序进行分析。仿真时使用 Remington 声源信号作为输入信号，主时钟为 100MHz，整体仿真结果如图 2-76 所示。

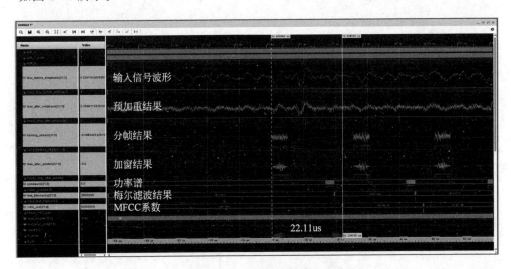

图 2-76　MFCC 特征提取整体仿真结果

　　根据仿真结果,从一帧数据输入至 MFCC 输出,完成一帧数据的特征提取需要的时间为 22.11μs,而速率为 100kHz 的信号构成一帧数据需要的时间为 5.12ms,因此 MFCC 特征提取的速度可以满足系统对于实时性的要求。

2.4　本章小结

　　本章介绍了分布式"场"测量的硬件系统设计方法,包括声音传感器、震动传感器、调理电路、多通道采集、大容量存储和无线发射组网等模块,提出了片上 LMS 滤波器、声场特征参数硬件提取器、高速 ADC 接口状态机设计方法,并进行了仿真验证。

第 3 章

阵列化信号预处理方法

在阵列化探测过程中,由于受外部环境因素(如高温、强震动、强电磁等),系统内部的热噪声、电噪声等,传感器安装方式不一致等影响,需要对阵列化信号进行一致性分析和降噪处理,为后续的研究提供可靠的数据支撑。

3.1 阵列化信号有效性分析

人工筛选无效信号费时且主观性太强,因此我们需要采用效率更高的相似性度量方法来对震源/声源阵列化信号进行信号一致性分析,以便后续更准确地进行特征提取。数据有效性检验的目的是去掉无效与奇异数据,避免无效与奇异数据对定位产生较大影响。对阵列化信号进行一致性分析,本质上就是对数据进行相似性度量,常见的相似性度量方法包括欧氏距离(Euclidean distance)、马氏距离(Mahalanobis distance)、余弦相似度、相关系数假设检验、参量统计分布检验数据相似性、相关系数等,其中欧氏距离、马氏距离和相关系数常用于数值型数据。

3.1.1 欧氏距离

欧氏距离是一种常用的用于度量两个变量之间距离的方法,它考虑了样本之间每个特征的差异,并将其平方求和再开根号得到距离。欧氏距离可以用于计算两个变量之间的距离,也可以用于计算由多个变量组成的向量之间的距离。计算公式如式(3-1)所示。

$$D(x,y)=\sqrt{(x_1-y_1)^2+(x_2-y_2)^2+\cdots+(x_n-y_n)^2}$$
$$=\sqrt{\sum_{i=1}^{n}(x_i-y_i)^2} \tag{3-1}$$

式中,n 为采样个数;x,y 是两个 n 维变量,x_1、x_2、x_n、x_i 和 y_1、y_2、y_n、y_i 分别表示 x 传感器与 y 传感器在各个时刻采集数据的幅值。

欧氏距离的值越小,表示两个变量之间越相似,反之则越不相似;当距离等于 1 时,两变量相互独立,当距离等于 0 时,两变量完全相关。

3.1.2　马氏距离

如果仅根据空间距离判断信号是否有效,筛选结果不准确,需要考虑多组信号的空间距离与信号的能量信息。马氏距离基于多元正态分布理论,考虑了多种因素的相互作用,不仅考虑了观测变量的相关性,也考虑了各个观测指标取值的差异性、相对于欧氏距离,马氏距离的计算能更好地反映样本整体的分布情况,能更好地消除样本间相关性带来的影响,是进行异常值剔除的一种有效方法。

马氏距离的计算公式如下:

$$D^2(x,y) = (x-y)^{\mathrm{T}} \boldsymbol{M}^{-1}(x-y) = \sum_{i=1}^{N}\sum_{j=1}^{N} w_{ij}(x_i - y_i)(x_j - y_j) \quad (3-2)$$

式中,$\boldsymbol{M}$ 为 x 和 y 的相关矩阵,为一正定阵;w_{ij} 为矩阵 $\boldsymbol{M}^{-1}$ 的元素;x_i,y_j 分别表示 x 传感器 i 时刻与 y 传感器 j 时刻采集数据的幅值;N 为采样个数。

马氏距离的取值范围为[0,1],距离越小,两变量越相似;当距离等于 1 时,两变量相互独立,当距离等于 0 时,两变量完全相关。

3.1.3　相关系数

相关系数在一定程度上能反映信号间的相关程度,但是由于数值计算过程中对样本的抽样,并不能保证相关系数为零的样本一定来自总体相关系数为零的总体样本,也有可能来自总体相关系数不为零的总体样本。为了能更好地反映数据间的相关性,需对相关系数进行显著性检验。相关系数是最常用的衡量关联强度的方法,广泛应用于各个研究领域,计算方式是将协方差除以标准差,去除两个变量量纲的影响,将范围缩小到 0~1。

因此,数据有效性检验采用相关系数 T 假设检验进行判断。从统计学的角度讲,由于样本量限制,无法准确估计总体相关系数,我们只能用样本相关系数近似总体相关系数。样本相关系数可用下式计算:

$$\rho_{x,y} = \frac{\sum\limits_{i=1}^{N}(x_i - \bar{x})(y_i - \bar{y})}{\sqrt{\sum\limits_{i=1}^{N}(x_i - \bar{x})^2 \sum\limits_{i=1}^{N}(y_i - \bar{y})^2}} \quad\quad (3\text{-}3)$$

根据显著性水平检验相关性,具体原理如下:

用 ρ 表示总体相关系数,提出假设,原假设:$H_0: \rho = 0$;备择假设:$H_1: \rho \neq 0$,则

$$t_p = |\rho|\sqrt{\frac{n-2}{1-\rho^2}} \sim t(n-2) \quad\quad (3\text{-}4)$$

根据显著性水平 ρ 和自由度 $(n-2)$ 获取临界值(检验阈值)$\frac{t_p}{2}$,根据临界值 $\frac{t_p}{2}$ 确定相关性检验,若 $-\frac{t_p}{2} \leqslant t \leqslant \frac{t_p}{2}$,接受原假设,即 x 与 y 不相关;若 $|t| \geqslant \frac{t_p}{2}$,拒绝原假设接受备择假设,即表示 x 与 y 相关。

3.2 非平稳信号预处理方法

在实验中,受到飞沙走石等外界客观因素的影响较大,因此传感器采集到的震动信号通常是含有大量噪声的混叠信号。为了降低噪声的影响,信号预处理是必不可少的。

3.2.1 经验模态分解

经验模态分解(empirical mode decomposition,EMD)是一种针对非平稳信号的尺度特性进行模态分解的算法。该算法首先需找出待分解信号的所有极值点,并拟合出待分解信号 $x(t)$ 上下极值点的包络线 $e_{max}(t)$、$e_{min}(t)$ 和平均值 $m(t)$,然后判断包络线原信号是否为本征模函数(intrinsic mode function,IMF),最后判断 $x(t) - \text{IMF}$ 是否单调或为常值序列。其中 IMF 判断标准如下:

$$(N_z - N_e) \leqslant N_e \leqslant (N_z + 1) \quad\quad (3\text{-}5)$$

$$\frac{|e_{max}(t) + e_{min}(t)|}{2} = 0, \quad t_i \in t \quad\quad (3\text{-}6)$$

式(3-5)中,N_z、N_e 分别表示极值点和过零点的数量。

最终,EMD 可将待分解信号 $x(t)$ 分解为一系列模态分量的叠加,表达式如

式(3-7)所示。

$$x(t) = \sum_{i=0}^{N} \mathrm{IMF}_i(t) + r_n(t) \qquad (3\text{-}7)$$

通过观察令其中无关信号的模态分量为 0，即可实现信号的去噪。

3.2.2　变分模态分解

变分模态分解（variational mode decomposition，VMD）是一种常用的信噪分离的方式，它的本质是将信号分解为 K 个带宽和中心频率自适应的 IMF 分量，这些 IMF 分量之间相互独立且具有一定的稀疏特性。根据传感器采集的震动信号和噪声的特性不一致的思想，可将 VMD 用于信噪分离。

$$u_i(t) = A_i(t)\cos\varphi_i(t), \quad i = 1, 2, \cdots, K \qquad (3\text{-}8)$$

式中，$A_i(t)$ 代表边缘包络信号；$\varphi_i(t)$ 为分量信号的相位，且各分量与原始信号的关系满足如下规律：

$$y(t) = \sum_{i=1}^{K} u_i(t) \qquad (3\text{-}9)$$

VMD 的本质为无约束的变分问题的求解，数学表达式为

$$L(u_i, \omega_i, \lambda) = \alpha \sum_{i=1}^{K} \left\| \partial_t \left[\left(\delta(t) + \frac{\mathrm{j}}{\pi t} \right) * u_i(t) \right] \mathrm{e}^{-\mathrm{j}\omega_i t} \right\|_2^2 +$$

$$\left\| f(t) - \sum_{i=1}^{K} u_i(t) \right\|_2^2 + \left\langle \lambda(t), f(t) - \sum_{i=1}^{K} u_i(t) \right\rangle \qquad (3\text{-}10)$$

然后利用交替方向乘数法（alternating direction method of multipliers，ADMM）将问题转变为对三个变量 u_i、ω_i、λ 求取最优解，直至满足式(3-11)所示的算法收敛条件，结束计算，得到输出分量 u_i。

$$\sum_{i=1}^{K} (\|\hat{u}_i^{n+1} - \hat{u}_i^n\|_2^2 \div \|\hat{u}_i^n\|_2^2) < \varepsilon \qquad (3\text{-}11)$$

通过观察输出分量 u_i 进一步区分有用信号和噪声，将其中有关噪声的 u_i 分量去除，即可得到有用信号。

3.2.3　自适应噪声的完整集合经验模态分解

自适应噪声的完整集合经验模态分解（complete ensemble empirical mode

decomposition with adaptive noise，CEEMDAN)算法通过加入白噪声的方法来消除奇异点对信号重建的影响。具体来说，对于每个 IMF 分量，CEEMDAN 算法会将其与一定比例的白噪声相加，从而在一定程度上平滑信号，并消除奇异点的影响。然后，对加入白噪声后的信号进行多次分解，得到新的 IMF 分量。这个过程会一直进行下去，直到得到满足一定稳定性条件的 IMF 分量为止。CEEMDAN流程如图 3-1 所示。

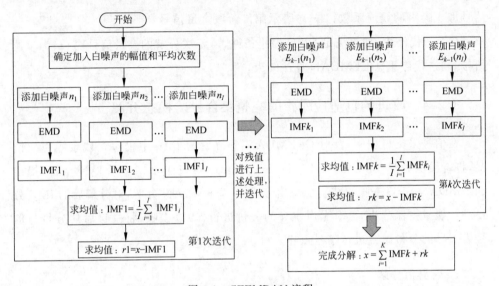

图 3-1　CEEMDAN 流程

设 E_i 为 EMD 分解后得到的第 i 个 IMF 分量，CEEMDAN 算法的步骤如下：

(1) 获取原始信号序列 $x(t)$，对信号添加 K 次均值为 0 的高斯白噪声，构造式(3-12)：

$$x_i(t) = x(t) + \varepsilon\delta_i(t) \tag{3-12}$$

式中，ε 为高斯白噪声的权值系数；$\delta_i(t)$ 为第 i 次迭代时产生的高斯白噪声。

(2) 对 $x_i(t)$ 进行 EMD 分解，对分解得到的第一个 IMF 取均值作为 CEEMDAN 的第一个 IMF：

$$IMF_1(t) = \frac{1}{k}\sum_{i=1}^{K} IMF_1^i(t) \tag{3-13}$$

$$r_1(t) = x(t) - IMF_1(t)$$

式中，$IMF_1(t)$ 为 CEEMDAN 分解后的第一个 IMF；$r_1(t)$ 为第一次分解后的余量。

（3）将分解后的余量信号继续添加特定的噪声后进行 EMD 分解：

$$\mathrm{IMF}_j(t) = \frac{1}{K}\sum_{i=1}^{K} E_1(r_{j-1}(t) + \varepsilon_{j-1} E_{j-1}(\delta_i(t)))$$

（3-14）

$$r_j(t) = r_{j-1}(t) - \mathrm{IMF}_j(t)$$

式中，$\mathrm{IMF}_j(t)$ 为 CEEMDAN 分解得到的第 j 个 IMF；$E_{j-1}(t)$ 表示对序列进行 EMD 分解后的第 $j-1$ 个 IMF 分量；ε_{j-1} 表示 CEEMDAN 对第 $j-1$ 阶段余量信号加入噪声的权值系数；$r_j(t)$ 表示第 j 阶段余量信号。

（4）迭代停止，如果满足 EMD 停止条件，第 n 次分解的余量信号 $r_n(t)$ 为单调信号，则迭代停止，CEEMDAN 算法结束。

3.2.4　改进的自适应噪声的完整集合经验模态分解

在信号采集过程中，针对 CEEMDAN 分解后的 IMF 中仍包含残余噪声的情况，将奇异值分解（singular value decomposition，SVD）与 CEEMDAN 结合，提出 CEEMDAN-SVD 去噪算法。先将信号进行 CEEMDAN 分解，对分解后的 IMF 分量进行能量占比分析，再对噪声主导的分量进行 SVD 去噪，将去噪后的分量与信号为主导的分量组合进行信号重建。

1. 奇异值分解

SVD 是一种重要的矩阵分解方法，在数据分析、信号处理、图像处理等领域都有广泛应用。对于任意一个 $m \times n$ 的实数矩阵 $\boldsymbol{A}$，把它分解为如下形式：

$$\boldsymbol{A} = \boldsymbol{U}\boldsymbol{\Sigma}\boldsymbol{V}^{\mathrm{T}}$$

（3-15）

式中，$\boldsymbol{U}$ 和 $\boldsymbol{V}$ 均为单位正交阵，即有 $\boldsymbol{U}\boldsymbol{U}^{\mathrm{T}} = \boldsymbol{I}$ 和 $\boldsymbol{V}\boldsymbol{V}^{\mathrm{T}} = \boldsymbol{I}$，$\boldsymbol{U}$ 称为左奇异矩阵，$\boldsymbol{V}$ 称为右奇异矩阵，$\boldsymbol{\Sigma}$ 仅在主对角线上有值，称之为奇异值，其他元素均为零。矩阵维度分别为 $\boldsymbol{U} \in \mathbb{R}^{m \times m}$，$\Sigma \in \mathbb{R}^{m \times n}$，$\boldsymbol{V} \in \mathbb{R}^{n \times n}$。

一般 Σ 为如下形式：

$$\boldsymbol{\Sigma} = \begin{bmatrix} \sigma_1 & 0 & 0 & \cdots & 0 \\ 0 & \sigma_2 & 0 & \cdots & 0 \\ 0 & 0 & \sigma_3 & \cdots & 0 \\ 0 & 0 & 0 & \cdots & 0 \end{bmatrix}_{m \times n}$$

（3-16）

2．CEEMDAN-SVD 算法

将含噪信号的向量空间分解为两个子空间,其中一个是由信号主导的子空间,另一个则是由噪声主导的子空间。SVD 可以作为一种子空间算法用于对信号去噪,信号经过 CEEMDAN 分解后,选取哪些 IMF 分量进行信号重建成为下一步的问题。信号的自相关函数分析体现了信号在不同时间尺度上的关联度。随机噪声信号自相关函数的最大值在 0 处,这是因为随机噪声信号在各时刻具有随机性;由于信号的周期性,在除 0 点外的其他点,自相关函数值不会迅速减弱到一个很小的值。根据随机噪声和一般信号的特点,通过计算发现接近于 0 的能量基本上集中在[$-0.01,0.01$]。Wang 等将噪声信号与非噪声信号的能量贡献率阈值设置为 0.1%,因此,采用能量贡献率分析法来区分 IMF 分量的信号主导分量($\eta_x >$ 0.1%)和噪声主导分量($\eta_x < 0.1\%$)。

本书对 CEEMDAN 分解后的 IMF 分量进行能量占比分析,通过对分量做自相关计算,根据各分量对应的能量占比来划分信号是噪声主导还是信号主导,对于能量贡献率在[$0.05\%,0.1\%$]的 IMF 采用 SVD 进行去噪处理,去除噪声后参与冲击波信号重建。CEEMDAN-SVD 算法流程如图 3-2 所示。

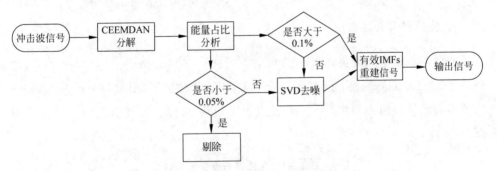

图 3-2　CEEMDAN-SVD 算法流程

CEEMDAN-SVD 算法步骤如下:

步骤一:信号经过 CEEMDAN 分解,得到从高频到低频的数个 IMF 分量。

步骤二:通过能量占比分析得到各个分量的能量贡献度,将分量分为信号主导和噪声主导,此时,信号可以表示为:

$$y_i(t) = \sum_{j=m}^{k} \mathrm{IMF}_{ij}(t) + \sum_{j=k+1}^{n} \mathrm{IMF}_{ij}(t) + r_i(t) \tag{3-17}$$

式中, k 为噪声主导与信号主导的分界值; m 为能量贡献率低于 0.05% 的分界值。

各分量自相关函数和信号能量贡献率的表达式如式(3-18)所示:

$$R_{xx}(\tau) = \lim_{T \to \infty} \frac{1}{T} \int_0^T x(t) x(t+\tau) dt$$

$$E_{\mathrm{IMF}} = \frac{\int_{t_1}^{t_2} |\mathrm{IMF}_i(t)|^2 dt}{\int_{t_1}^{t_2} |X(t)|^2 dt} \tag{3-18}$$

式中, $x(t)$ 为原始信号; $\mathrm{IMF}_i(t)$ 为 CEEMDAN 分解后的分量。

步骤三: 剔除能量贡献率低于 0.05% 的分量,对能量贡献率处于 $[0.05\%,$ $0.1\%]$ 的分量进行 SVD 去噪处理。

步骤四: 对于进行去噪处理后的噪声主导的分量与有效信号主导的分量进行组合,重建信号,重建后信号为 $\bar{y}_i(t)$,如式(3-19)所示,实现了对信号的降噪处理。

$$\bar{y}_i(t) = \sum_{j=m}^{k} \overline{\mathrm{IMF}_{ij}}(t) + \sum_{j=k+1}^{n} \mathrm{IMF}_{ij}(t) + r_i(t) \tag{3-19}$$

3.2.5　仿真验证

1. 传感器及震源布设

将震源布设范围设置为 $X[-50\mathrm{m}, 50\mathrm{m}]$、$Y[-50\mathrm{m}, 50\mathrm{m}]$、$Z[-50\mathrm{m}, 0\mathrm{m}]$,按 $1\mathrm{m} \times 1\mathrm{m} \times 1\mathrm{m}$ 划分网格;同时在区域中布设 12 个传感器,形成一个传感器阵列,传感器布设位置如表 3-1 所示。设置震源个数为 3,传感器及震源的布设方案如图 3-3 所示。

表 3-1　传感器布设位置

传　感　器	X/m	Y/m	Z/m	传　感　器	X/m	Y/m	Z/m
1	0.0	−45.0	0.0	7	−30.0	−30.0	−1.5
2	−45.0	0.0	0.0	8	30.0	30.0	−1.5
3	0.0	−45.0	0.0	9	0.0	−17.0	−1.5
4	45.0	0.0	0.0	10	0.0	12.0	−1.0
5	0.0	0.0	0.0	11	−20.0	−20.0	−1.0
6	0.0	0.0	−2.0	12	20.0	−20.0	−1.0

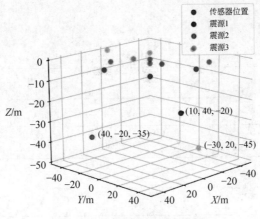

图 3-3　传感器及震源布设图

2. 模拟传感器及震源信号

由于传感器阵列中各个传感器与震源的距离不一致,导致震源信号到达各个传感器的时间也不一致,因此可以通过对瞬态震动信号进行时移,模拟各个传感器获取的信号。根据震动信号的特性可知,信号的频率以低频信号为主,故采用 $100\,Hz$、$50\,Hz$、$30\,Hz$ 的阻尼拉伸子,模拟三次实际情况下依次起爆的瞬态震动信号。信号采样频率为 $2\,kHz$,采样时间为 $3\,s$,模拟信号的信噪比为 $3\,dB$。模拟震源波形及部分传感器信号如图 3-4 所示。

3. 震动信号降噪结果分析

本节首先将不含噪声的如式(3-20)所示的混叠信号作为待分解信号,通过对比模态分解后的信号频谱和时域波形,对比 EMD 和 VMD 在信号分解能力上的优劣。由于 EMD 是一种自适应模态分解的算法,因此无须设置模态分解个数;设置 VMD 的模态分解个数为 3。图 3-5 和图 3-6 分别为两种算法进行信号模态分解后的结果。

$$x(t) = \sin(2\pi \times 200t) + \sin(2\pi \times 100t) + \sin(2\pi \times 50t) \qquad (3\text{-}20)$$

从图 3-5 可以看出,经过 EMD 分解后模态分量共有 3 个,分解后信号按频率从高频到低频排序,对各个模态分量的恢复效果较好,尽管如此,分解后的模态分量 1 和 2 仍存在频谱混叠的情况,同时对波形幅值大小的还原程度并不高。从

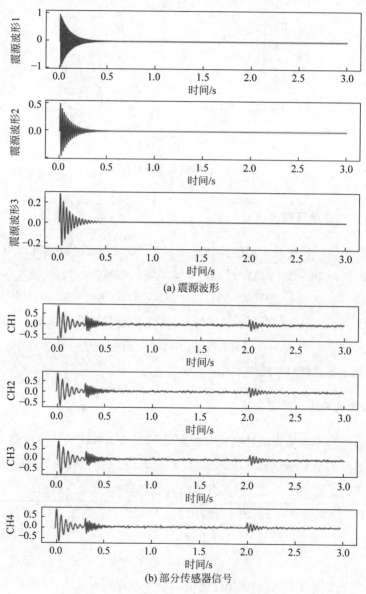

(a) 震源波形

(b) 部分传感器信号

图 3-4　震源波形及部分传感器信号

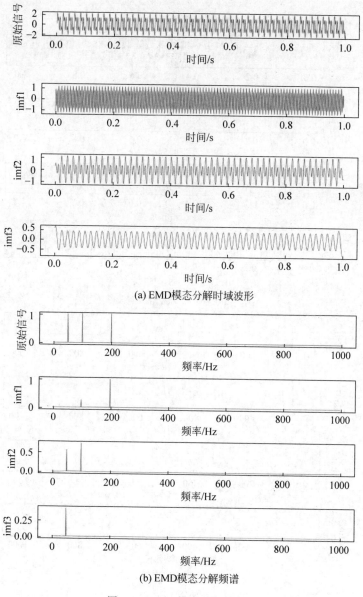

(a) EMD模态分解时域波形

(b) EMD模态分解频谱

图 3-5　EMD 模态分解结果

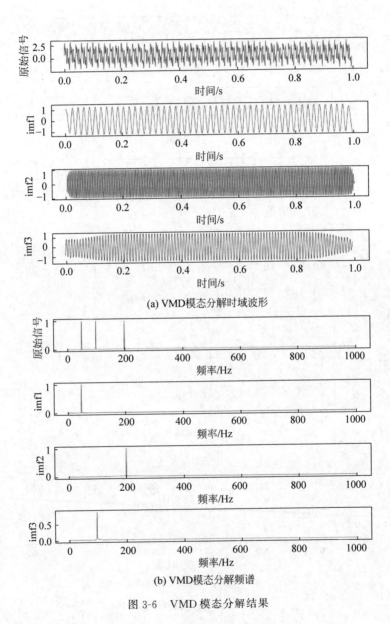

(a) VMD模态分解时域波形

(b) VMD模态分解频谱

图 3-6　VMD 模态分解结果

图 3-6 可以看出,经过 VMD 分解后的模态分量共有 3 个,分解后的信号都具有明显的频率特性,同时频谱不再出现混叠的现象。

在式(3-20)的基础上添加信噪比为 3dB 的高斯白噪声,经过 EMD 和 VMD 滤波后的信号如图 3-7 所示。

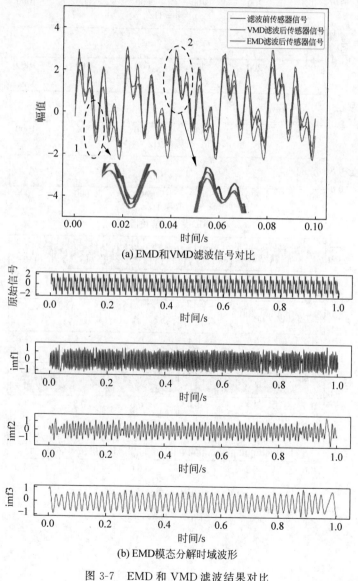

(a) EMD和VMD滤波信号对比

(b) EMD模态分解时域波形

图 3-7　EMD 和 VMD 滤波结果对比

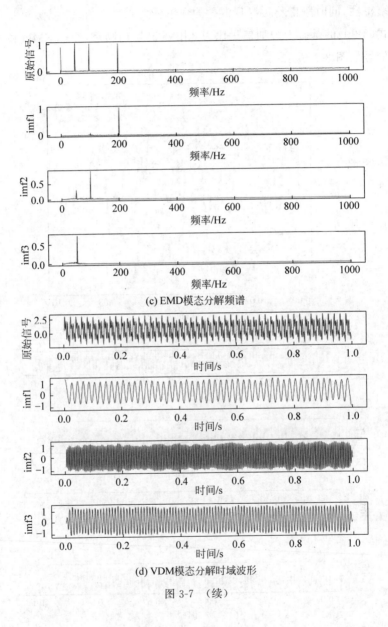

(c) EMD模态分解频谱

(d) VDM模态分解时域波形

图 3-7 （续）

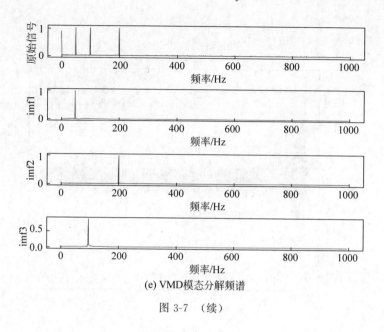

(e) VMD模态分解频谱

图 3-7　(续)

通过图 3-7(a)可以看出 EMD 和 VMD 两种算法在一定程度上滤除了噪声,在图 3-7(a)圈 1 和圈 2 中,信号的波谷和波峰处 VMD 恢复的信号更接近原始信号,与原信号的误差较小;从图 3-7(b)和(c)同样可以看出,在含有噪声的情况下,EMD 分解后的模态分量 1 和 2 仍存在频谱混叠的情况。

综上所述,VMD 在信号模态分解上具有更强的能力,在含有噪声的情况下,对各模态分量的信号恢复能力更强。下面针对地下浅层中传感器获取的信号,对比验证不同信噪比条件下 EMD 和 VMD 算法的降噪效果。设置信噪比分别为 3dB、5dB、10dB、20dB,并进行降噪仿真实验。实验结果如图 3-8~图 3-11 所示。

图 3-8~图 3-11 分别展示了在不同信噪比条件下,原始信号与 EMD、VMD 两种算法降噪后波形的对比。从图 3-8(a)~图 3-11(a)可以看出,在不同信噪比条件下两种算法降噪后均去掉了噪声的毛刺,波形整体趋势也保持一致,达到了一定的降噪效果。但从图 3-8(b)~图 3-11(b)中圈出的部分可以明显看出,通过 VMD 算法重建的信号在波峰和波谷处的误差均小于 EMD 算法重建的信号;同时,信噪比越小时 EMD 算法降噪后的信号与原始信号的偏离现象越严重,但 VMD 算法出现这种现象相对较少。综上所述,VMD 算法在不同信噪比条件下,可使重建的信号误差相对较小,与原始信号更接近,可以达到更好的降噪效果。

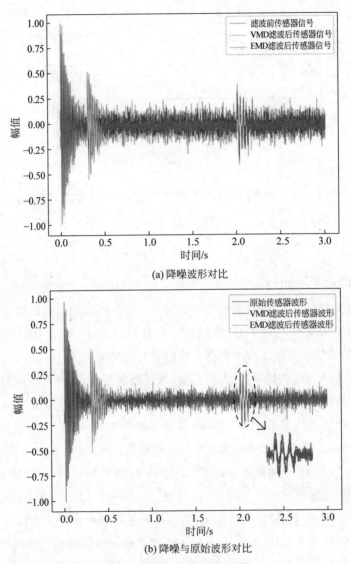

(a) 降噪波形对比

(b) 降噪与原始波形对比

图 3-8　信噪比为 3dB 滤波对比

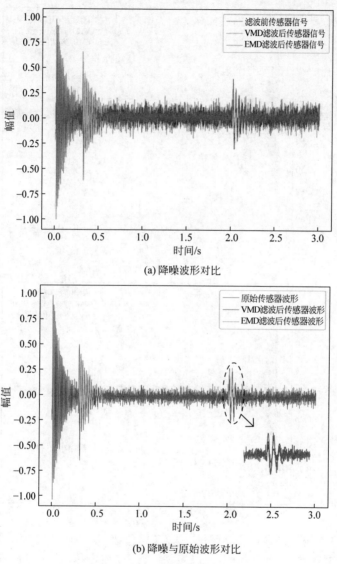

(a) 降噪波形对比

(b) 降噪与原始波形对比

图 3-9 信噪比为 5dB 滤波对比

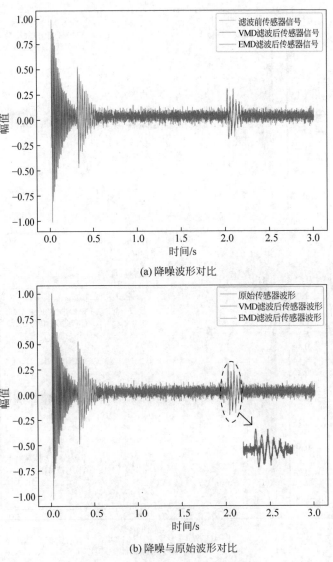

(a) 降噪波形对比

(b) 降噪与原始波形对比

图 3-10　信噪比为 10dB 滤波对比

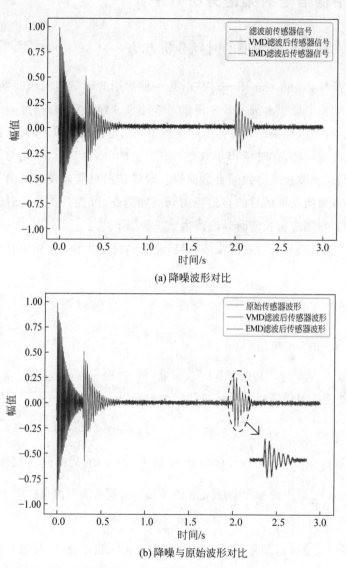

(a) 降噪波形对比

(b) 降噪与原始波形对比

图 3-11　信噪比为 20dB 滤波对比

3.3　非平稳信号时频谱分析方法

3.3.1　基于小波变换的时频分析方法

小波变换(wavelet transform,WT)是一种常用的时域到频域转换方法,是在短时傅里叶变换的思想上进一步发展的。在小波变换过程中,通过一个随频率改变的窗口截取信号,克服了短时傅里叶变换中因固定窗长导致的时间、频率分辨率不能同时提高的问题,在时域和频域上具有完美的分离特性。因此与常规的时频谱图相比,通过小波变换得到的自适应窗长时频谱图更能体现有效信号的时频特征。利用小波变换获取信号的自适应窗长时频谱图,可提升信号的时频谱图的特征表达能力。自适应窗长的时频谱图生成步骤如下:

首先,需要对信号进行连续小波变换,获取不同尺度下的表示。连续小波变换定义为

$$Wf(a,b)=\langle f(t),\Psi_{a,b}(t)\rangle=\mid a\mid^{-\frac{1}{2}}\int_{-\infty}^{+\infty}f(t)\overline{\Psi\left(\frac{t-b}{a}\right)}\mathrm{d}t \tag{3-21}$$

式中,$f(t)$为声信号;$\Psi_{a,b}(t)=\mid a\mid^{-\frac{1}{2}}\Psi\left(\frac{t-b}{a}\right)$表示由小波$\Psi(t)$生成的连续小波,$a$为伸缩因子,$b$为平移因子;$\langle f(t),\Psi_{a,b}(t)\rangle$表示$f(t)$和$\Psi_{a,b}(t)$的内积操作,通常小波变换可以通过卷积运算代替内积操作:

$$Wf(s,t)=f*\Psi_s(t)=\frac{1}{s}\int f(x)\Psi\left(\frac{t-x}{s}\right)\mathrm{d}x \tag{3-22}$$

式中,$*$表示卷积操作;s为尺度参数,s越小,$f(x)$的局部性质刻画能力越强;$\Psi_s(t)=\frac{1}{s}\Psi\left(\frac{t}{s}\right)$为小波$\Psi(t)$的尺度伸缩变换。经过小波变换后的声信号如图3-12所示。

然后将小波变换后信号的尺度序列转化为实际频率序列,尺度与频率之间的关系见式(3-23),其中,F_a为实际频率,F_c为小波的中心频率,s为尺度参数。

$$F_a=\frac{F_c\times f_s}{s} \tag{3-23}$$

最后结合时间序列t即可得到小波时频谱图,见图3-13(b)。

通过图3-13中常规时频谱图与小波时频谱图的对比可以发现,在相同的参数条

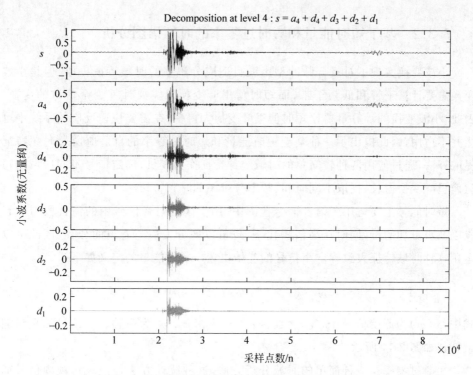

图 3-12 小波变换后的声信号波形

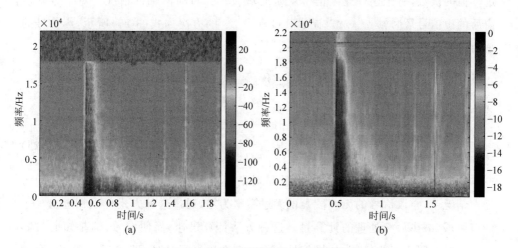

图 3-13 常规时频谱图和小波时频谱图

件下,小波时频谱图在信号持续时间(0.4～0.5s)内时窗较短,时间分辨率较高,同时
在一些低频信号的持续时间内时窗较长,频率分辨率较高,突出了信号的低频特征。

3.3.2 基于短时能量和短时过零率的时频谱图分析

小波变换实现了对复合脉冲型声波自适应分辨率的时频特征提取,但是小波变换需要计算子带和低频子带,而短时傅里叶变换只需要计算一个窗口的变换。因此,小波变换的计算量要比短时傅里叶变换大得多,在需要快速反应的系统中可能并不适用,因此提出了一种基于短时能量和短时过零率的自适应窗长时频特征提取算法,通过使用两种较简单的时域统计特征作为度量,确定信号不同区域的短时傅里叶变换窗长,提取不同时间、频率分辨率的时频特征。

短时能量主要运用于语音信号检测中,用于区分语音信号中的清音段与浊音段以及声母和韵母,同时在高信噪比下,也可以区分无声与有声的分界,因此可以运用这种时域特征大致确定声信号的起始位置。短时能量的定义如下:

$$E_n = \sum_{m=-\infty}^{\infty} \left[x(m)\omega(n-m) \right]^2 \tag{3-24}$$

式中,$x(m)$ 为原始信号;$\omega(n)$ 为窗函数;n 为窗长;m 为窗移。声信号的短时能量特征如图 3-14 所示。

短时过零率是一种简单的时域分析方法,这种统计方法是记录每帧内信号通过零值的次数,对于这种连续信号就是时域波形穿过时间轴的情况。对于分帧加窗后的声信号短时帧 $x_n(m)$,提取其过零率 Z_n 的方法如式(3-25)所示,声信号的短时过零率特征如图 3-15 所示。

$$Z_n = \frac{1}{2} \sum_{n=0}^{N-1} \left| \text{sgn}[x_n(m)] - \text{sgn}[x_n(m-1)] \right| \tag{3-25}$$

式中,sgn 为符号函数,表达式为

$$\text{sgn}[x] = \begin{cases} 1, & x \geqslant 0 \\ -1, & x < 0 \end{cases} \tag{3-26}$$

信号的短时过零率特征实际上就是对信号频率的一种简单度量,在理想的无噪声情况下,整段信号的无声段表现为过零率为零,通过这种方式可以筛选出信号的有声段,减少后续处理的计算量。这种方法计算迅速,简便有效,但是短时过零率对于高频噪声极为敏感,如果信号背景中存在反复穿过时间轴的随机噪声,会导致在整段信号中产生大量虚假的过零率,降低检测精度。因此将信号的短时过零率和短时能量相互配合使用,利用短时能量分析去除高频噪声,利用短时过零率去

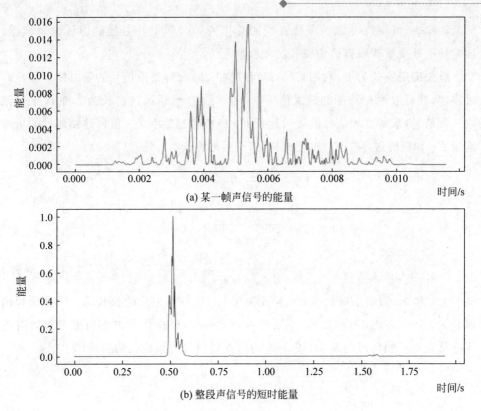

(a) 某一帧声信号的能量

(b) 整段声信号的短时能量

图 3-14　某种声信号的短时能量特征

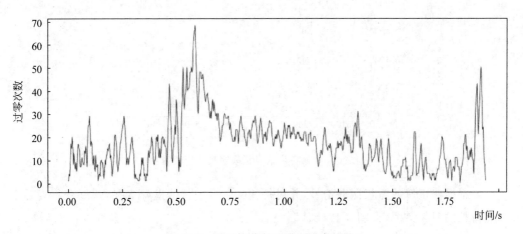

图 3-15　某种声信号短时过零率特征

除低频噪声,可实现可靠的声位置检测并作为短时傅里叶变换的窗长设置依据。短时傅里叶变换获取自适应窗长的步骤如下:

首先确定窗长为 L,利用式(3-28)和式(3-29)求解整段信号的短时能量和短时过零率,并提取两种特征的最大值 $E_{\max}$ 和 $Z_{\max}$。然后通过窗长为 L 的汉宁窗截取一帧信号,求解这帧信号的短时能量 E_n 和短时过零率 Z_n,根据这帧信号的短时能量 E_n 和短时过零率 Z_n 修正窗长,修正后的窗长 L_n 见式(3-27)。

$$L_n = \left[1 - \frac{\alpha_1 + \alpha_2}{2}\right] \times L \tag{3-27}$$

$$\alpha_1 = \frac{E_n}{E_{\max} + \gamma_1} \tag{3-28}$$

$$\alpha_2 = \frac{Z_n}{Z_{\max} + \gamma_2} \tag{3-29}$$

式中,γ_1 和 γ_2 为最小窗长参数,本书取 0.1。获得修正后的窗长 L_n 后重新利用窗长为 L_n 的汉宁窗截取信号,不断循环上述操作,根据信号的短时能量和短时过零率修正每一帧信号的窗长,图 3-16 为修正后信号每帧窗长的折线图。

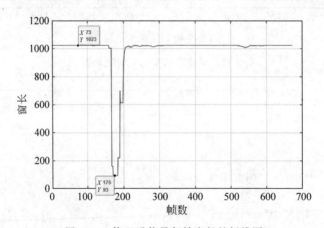

图 3-16   修正后信号每帧窗长的折线图

根据修正后的窗长截取信号,并对每一帧信号进行傅里叶变换,最终获得自适应窗长的时频谱图,见图 3-17(b)。

通过对比常规时频谱图和自适应窗长的时频谱图可以看出,在相同参数的条件下,自适应窗长的时频谱图中能量集中区域的时间分辨率更高,谱图更细致。在其他时间段内,自适应窗长的时频谱图在频率上更清晰,突出了信号的低频特征。

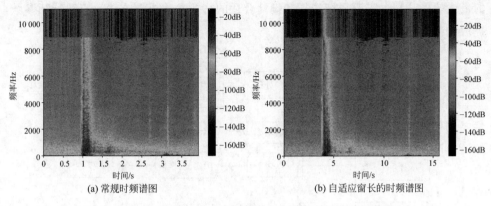

(a) 常规时频谱图   (b) 自适应窗长的时频谱图

图 3-17 某种信号常规时频谱图和自适应窗长的时频谱图

3.4 瞬态物理场特征参数提取方法

声学特征参数提取模块是声源分类系统的核心。声源的声波信息被采集设备转化为电学信号的波形数据,这些数据只包含声源信号的时域信息。然而,在深度学习兴起后,深度神经网络的强大特征提取能力使我们能够直接使用包含更多特征信息的二维频域特征信息进行训练。因此,在进行声源分类之前,需要预先提取出这些二维频域特征参数,以获得更加鲁棒的特征。这些特征参数将被输入到神经网络中进行声源分类。本章重点研究了声源识别任务中声源信号增强技术和特征参数的提取算法。

3.4.1 特征参数提取流程

声源识别中的特征提取是非常重要的一步,因为它能够从采集到的声波信号中提取出代表声源的特征信息。采集到的声波信号通常是经过模拟-数字转换和滤波等处理后的波形数据,而特征提取需要将这些一维时域数据转换为二维时频域数据,以便于后续的处理和分析。常用的方法是使用傅里叶变换将时域信号转换为频域信号,然后计算 MFCC 等频域特征参数。这些特征参数可以提供声源信号的频谱信息和其他相关的特征信息,例如声音的音调、音色等。这些信息可以用于训练声源识别模型,进而实现对声源的准确识别。因此,声源特征参数的提取对于整个声源识别系统的性能至关重要。特征提取的质量决定了整个系统能够达到

的最优效果,因此,需要仔细选择和设计合适的特征参数提取方法。声源特征参数
提取流程见图 3-18。

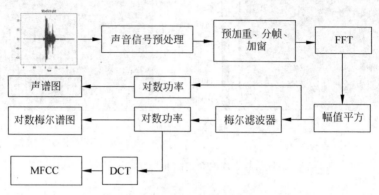

图 3-18　声源特征参数提取流程

语音数据作为一种时间序列信号,在长时域上往往没有明显的特征变化,导致
难以对其进行深度学习。此外,语音数据通常以较高的采样率进行采样,如 16kHz
采样率,直接使用时域数据作为训练数据会导致数据量大,且很难训练出有效的模
型。因此,语音任务中通常需要对语音数据进行声学特征提取,以提取出更加丰富
的语音特征,并将其作为模型的输入或输出。通过声学特征提取,可以将语音数据
从时域转化为频域或其他形式的特征表示,这样能够大大减小数据的维度,并且在
提取到更加有效的语音特征的同时,也为模型提供了更丰富的信息。

3.4.2　声谱图

声谱图是一种常用的声学特征,它基于短时傅里叶变换对声音信号进行时频
分析,可以描述声音信号在频域上的特征。声谱图通常通过对声音信号进行滑动
窗分帧,将每一帧的信号转换为频域信号,并在频域上合并特征,以保留时间维度
信号的连续性。声谱图可以用来研究信号的时频特性,以及声音频谱随时间的变
化情况。在声源识别任务中,声谱图常被用作输入特征,以帮助神经网络识别不同
类型的声源。

时频分析是将声音信号分解为时间和频率两个维度,以便更好地分析声音信
号的特性。在时频分析的过程中,短时傅里叶变换是一种基于窗口的傅里叶变换,
通过在窗口上进行滑动,使得信号在时间上具有一定的连续性。在此基础上小波

变换提供了一种自适应的窗口,可以在不同的时间和频率上具有不同的尺度,克服了短时傅里叶变换中窗口大小固定的缺点。但是,小波变换需要人为地选择基函数,因此在实际应用中需要进行相应的优化选择。在本书中提取声谱图的具体流程如图 3-19 所示。

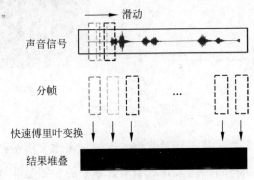

图 3-19　声谱图提取流程

如图 3-19 所示,原始声音信号经过分帧和快速傅里叶变换得到声谱图,声谱图用于显示声音随时间变化的频谱信息,其中,纵轴表示频率,横轴表示时间。不同频率成分的强度通过颜色来表示,与时域信号相比,声谱图能够更好地呈现声音的特性和动态频率信息。声谱图通过结合时域波形的特点,可以明显地显示声音频率随时间变化的情况。

目前声谱图提取技术已经能够呈现出包含丰富语音学信息的声学特征,这些特征在与语音识别相关的研究领域中具有广泛的应用。声谱图中包含了多种不同的图像特征,例如横杠和乱纹等。横杠通常对应于浊音,其所在位置可能是基音频率或基音频率的整数倍,而清音在声谱图上呈现为乱纹。

图 3-20 展示了一种经过特征提取后得到的声源信号声谱图。在声源识别领域,我们可以利用深度学习的强大特征提取和学习能力,借鉴图像识别处理的方法,对声源信号进行分类识别。这也是本书研究的一个重点。

3.4.3　对数梅尔谱图

对数梅尔谱图是一种基于声音信号的短时频谱图的声学特征,常用于声源识别领域。其特征提取过程是首先在声谱图的基础上通过一个梅尔滤波器获得梅尔

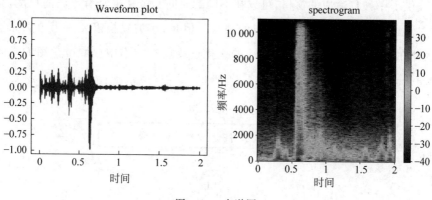

图 3-20　声谱图

谱图,然后经过一次对数运算得到对数梅尔谱图。相比于声谱图,对数梅尔谱图特征更加符合人类听觉特性,因为人耳对于声音频率的感知是非线性的,所以对数梅尔谱图在表征声音特征时更为准确。

根据现有研究,人耳的听觉敏感度随着声波频率的变化而变化。人类能够听到的频率范围在 20 Hz～20 kHz。然而,人耳对声音的实际频率的感知和音高并不呈线性关系。例如,如果声音的频率从 2 kHz 增加到 20 kHz,人耳感知不到声音的音调增加了 10 倍。此外,人耳对低频音调的感知较为敏感,对高频音调则较为迟钝。为了更好地反映人耳的听觉特性,梅尔频率被引入到声学信号处理中。梅尔频率可以将声音的频率转换成与之相关的听觉感受,这种转换具有非线性的特性。具体来说,梅尔频率在 1000 Hz 以下可以近似地认为是线性分布的,而在 1000 Hz 以上则呈对数增长。其代数关系如下:

$$f_{mel} = (2595 \cdot \lg(1 + f/700 \, \text{Hz})) \tag{3-30}$$

梅尔频率与赫兹频率的映射关系见图 3-21。

通过梅尔标度滤波器组,可以生成梅尔频谱,并对其能量进行对数运算以获得对数梅尔谱图。该滤波器组由 20 个三角滤波器组成(图 3-22),其设计考虑到人耳对声音频率的非线性感知特性,低频处较为密集,高频处较为稀疏。梅尔频率和梅尔标度滤波器组广泛应用于人声等领域中的声学特征提取。

对数梅尔谱图特征参数提取的具体流程如图 3-23 所示。

FFT 变换公式为

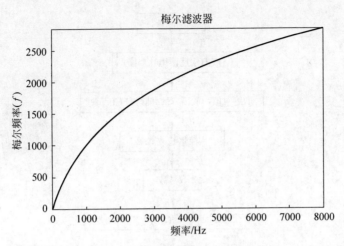

图 3-21 梅尔频率与赫兹频率的映射关系

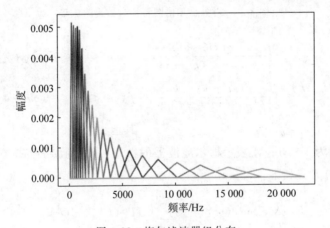

图 3-22 梅尔滤波器组分布

$$G(k) = \sum_{n=0}^{N-1} g(n) \mathrm{e}^{-\mathrm{j}\frac{2\pi}{N}nk}, \quad 0 \leqslant k \leqslant N \tag{3-31}$$

式中,N 为 FFT 点数。计算能量谱的公式如下所示。

$$E(k) = \frac{1}{N} \mid G(k) \mid^2 \tag{3-32}$$

梅尔滤波器将频域中的频率转换为梅尔频率,得到梅尔谱图。计算公式如下:

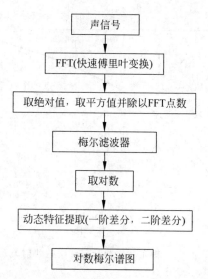

图 3-23   对数梅尔谱图特征参数提取流程

$$H_m(k) = \begin{cases} \dfrac{k - f(m-1)}{f(m) - f(m-1)}, & f(m-1) \leqslant k \leqslant f(m) \\[3mm] \dfrac{f(m+1) - k}{f(m+1) - f(m)}, & f(m) \leqslant k \leqslant f(m+1) \\[3mm] 0, & \text{其他} \end{cases} \quad (3\text{-}33)$$

式中,m 取值为 $1 \sim M$;M 表示梅尔滤波器的数量;k 表示一个 FFT 内的第 k 个点。具体计算方式如下:

$$\text{MelSpec}(m) = \sum_{k = f(m-1)}^{f(m+1)} H_m(k) \times E(k) \quad (3\text{-}34)$$

计算每一帧都会输出 M 个结果,然后取对数得到对数梅尔谱 S_m。

最后计算一阶差分和二阶差分。一阶差分计算公式如式(3-35)所示。

$$d_t = \frac{\displaystyle\sum_{n-1}^{N} n(s_{t+n} - s_{t-n})}{2\displaystyle\sum_{n=1}^{N} n^2} \quad (3\text{-}35)$$

式中,d_t 表示第 t 个一阶差分;s_t 表示第 t 个对数频谱系数;N 表示一阶导数的时间差,可取 1 或 2。计算两次一阶差分即为二阶差分,将 S_m、一阶差分、二阶差分叠加,最终得到声源信号的对数梅尔谱图声源特征。

令梅尔谱图做一次对数运算可得对数梅尔谱图,如图 3-24 为原时域波形图与对数梅尔谱图特征提取效果。相较于图 3-20,对数梅尔谱图放大了声谱图底部的低频特征,更加符合人耳的听觉特性。对数梅尔谱图包含了声音的更多特征信息,得益于深度学习强大的特征提取能力,使得对数梅尔谱图在声音识别领域的应用更加广泛。

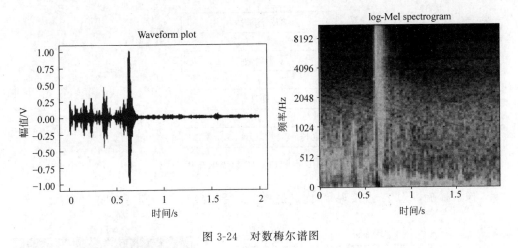

图 3-24　对数梅尔谱图

3.4.4　梅尔倒谱系数

MFCC 常用于语音识别和话者识别。它是对数梅尔谱图的倒谱分析,通过添加离散余弦变换去相关和降维,减小特征图,有助于计算。图 3-25 展示了 MFCC 特征的提取流程,它是在对数梅尔谱图的基础上进行离散余弦变换得到的。一般来说,只需要提取 20 个 MFCC 特征就可以取得很好的分类效果。

从图 3-25 可以看出,MFCC 特征参数提取流程相比对数梅尔谱图多进行了一步离散余弦变换,即在对数梅尔谱图特征参数基础上,将前述对数梅尔谱图特征参数 S_m 经过离散余弦变换变换到倒频谱域,最后进行动态特征提取,即可得到 MFCC 特征参数,计算公式见式(3-36)。

$$\text{MFCC} = \sum_{m=1}^{M-1} S_m \cos\left(\frac{\pi n (m+1/2)}{M}\right), \quad 0 \leqslant m \leqslant M \qquad (3\text{-}36)$$

图 3-26 为原时域波形图与 MFCC 特征参数提取效果图,相较于声谱图和对数梅尔谱图,MFCC 特征参数主要包含一些差分谱高级特征参数,因而特征图尺寸较

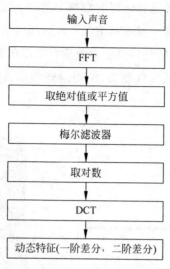

图 3-25   MFCC 参数提取流程

小,像素稀疏,不便于直接观察,优点是减少了特征参数量,更加有利于计算。

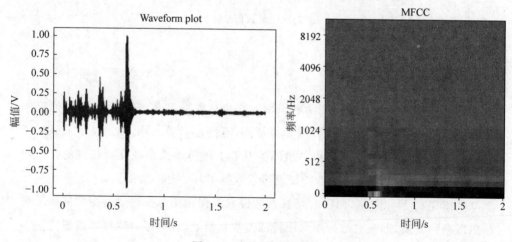

图 3-26   MFCC 特征参数

在语音识别领域,MFCC 特征参数是最常用的音频特征参数,但是在本书中,同样是根据人耳听觉特性提取的特征谱图,对数梅尔谱图相比 MFCC 可以获得更多的声音特征信息,基于本项研究是在低样本复杂度下实现高精度的声源识别分类,获得有更多特征信息的频谱图将更加有应用意义。在其他声音识别领域,研究者可以轻松获得大量的数据样本进行神经网络的训练,这就要求频谱图的特征信息参数量要更加有利于计算机的计算,从而提高工作效率。

3.5 本章小结

本章介绍了震动场、冲击波场、声场等阵列化信号有效性、一致性的分析方法,探讨了经验模态分解、变分模态分解和自适应分解等多种非平稳信号预处理方法,阐述了特征参数提取流程,重点介绍了声谱图、对数梅尔谱图、MFCC 等参数提取方法,为后续瞬态物理场层析成像提供层析核函数。

第4章

瞬态震动场逆时成像方法

本章针对地下瞬态震动场高精度重建需求，从震动波波速特征、介质弹性特征、介质密度和复杂性等方面，介绍了一种利用随机介质构建地下速度场模型的方法。同时，针对震动场重建中计算量较大、定位精度低、成像效果差的问题，在可控响应功率的能量场模型的基础上，提出了一种基于改进 SRP 的震动场成像模型。最后探讨了阵列化震动传感器的优化布设方法。

4.1 地下浅层随机介质反演建模

4.1.1 波速特征

地下浅层一般定义为地表以下 100m 以内，受到介质成因、地质年代和构造应力的影响，浅层空间中的岩土层通常由不同物质成分构成。在这种条件下，震动波传播速度会随着不同介质波阻抗的改变，呈现出不同的变化范围。现实岩土层中震动波的传播速度与多种因素密切相关，其中包括岩土层的弹性常数、岩石成分、密度、形成地质年代、埋深、孔隙度、含水量以及各种构造应力的影响。地下浅层常见介质中的纵波速度及波阻抗如表 4-1 所示。

表 4-1　地下浅层常见介质中纵波速度及波阻抗值

介质名称	速度 v_p/(m/s)	波阻抗 $p\,v_p \times 10^4$/ $[\mathrm{g/(cm^2 \cdot s)}]$	介质名称	速度 v_p/(m/s)	波阻抗 $p\,v_p \times 10^4$/ $[\mathrm{g/(cm^2 \cdot s)}]$
风化带	100～800	1.2～1.4	泥灰岩	2000～3500	77～110
砾石、碎石、干砂	200～800	2.8～16	岩盐	4200～5500	3035
砂质黏土	300～900	3.1～18	花岗岩	4500～6500	—
湿砂	600～800	3.8～19	变质岩	3500～6500	—

续表

介质名称	速度 v_p/(m/s)	波阻抗 $p\,v_p \times 10^4$/ [g/(cm$^2 \cdot$ s)]	介质名称	速度 v_p/(m/s)	波阻抗 $p\,v_p \times 10^4$/ [g/(cm$^2 \cdot$ s)]
黏土	1200～2500	18～55	玄武岩	4500～8000	—
疏松岩石	1500～2500	14～16	空气	310～360	0.003～0.005
致密岩石	1800～4000	27～60	水	1430～1590	14～17
泥质页岩	2700～4100	36～90	冰	3100～4300	30～46
石灰岩、致密白云岩	2500～6100	65～135	石油	1070～1320	9～12
石膏、无水石膏	3500～4500	58～180	煤	1600～1900	20～35

通过表 4-1 可以看出,浅层介质分布越靠近地表时,构成地质结构的介质越容易受到自然环境的风化侵蚀作用,使得波阻抗逐渐减小,震动波的传播速度不断衰减,最终在经过地表介质时速度降到最低。

4.1.2　介质弹性特征

介质弹性理论认为,在构成地下浅层的介质结构中,由疏松岩石、泥岩、砂岩等组成的介质在震动波上的响应比较接近理想的黏弹性介质,因此震动波在地下浅层传播的过程中通常被认为是弹性波的传播,其中黏滞性是影响弹性波传播的一种重要的因素。通常利用品质因子 Q 来表示弹性黏滞性介质对震动波的响应,计算公式如下:

$$Q = \frac{\omega}{2v\alpha} \tag{4-1}$$

式中,Q 为品质因子;α 为吸收系数,用来表示震动波在单位距离内传播后振幅的衰减情况,与 Q 值成负相关,与能量损耗成正相关;v 为波速;ω 为圆频率。但在现实中近地表介质的品质因子 Q 通常小于理论值,这种性质导致了近地表地层介质对震动波的能量具有强烈的吸收作用。

4.1.3　介质的复杂性

随着地壳运动的不断演化,地层逐渐发生褶皱和断裂,导致地层开始堆叠累积,介质种类逐渐多样化,不再由单一介质构成,因此常常表现为分层、非均匀的特性；同时地下浅层空间中，介质普遍存在各向异性，这就使得震动波沿各个方向的传播速度存在明显的差异，这种特性就决定了地震勘探的复杂性。

震动波沿横向和垂直方向的速度分别为

$$v_{\mathrm{p}\perp}=\sqrt{\frac{(\lambda_\perp+2\mu_\perp)}{\rho}} \tag{4-2}$$

$$v_{\mathrm{p}/\!/}=\sqrt{\frac{(\lambda_{/\!/}+2\mu_{/\!/})}{\rho}} \tag{4-3}$$

则推导出 P 波的各向异性系数为

$$C_{\mathrm{p}}=\frac{v_{\mathrm{p}\perp}}{v_{\mathrm{p}/\!/}}=\frac{\sqrt{\dfrac{(\lambda_\perp+2\mu_\perp)}{\rho}}}{\sqrt{\dfrac{(\lambda_{/\!/}+2\mu_{/\!/})}{\rho}}}=\sqrt{\frac{(\lambda_\perp+2\mu_\perp)}{(\lambda_{/\!/}+2\mu_{/\!/})}} \tag{4-4}$$

式中，C_{p} 称之为 P 波各向异性系数，其值越接近于 1 说明介质越接近各向同性；$\lambda_\perp$ 和 $\mu_\perp$ 分别为介质在垂直方向上的拉梅系数；$\lambda_{/\!/}$ 和 $\mu_{/\!/}$ 分别为介质在水平方向上的拉梅系数。

4.1.4　随机介质建模原理

随机介质建模就是利用统计学的方式，将介质的物性参数当作空间中的随机变量，通过随机扰动的方式反映地质结构的非均匀性。在三维空间中，随机介质模型通常被认为是由两种不同尺度的非均匀介质构成，其构成形式如式(4-5)所示。

$$m(x,y,z)=m_0(x,y,z)+\delta(x,y,z) \tag{4-5}$$

式中，m_0 为背景平均介质特征，即传统意义上的地质模型；δ 表示介质的随机分布特征，一般表示为一个均值为零的三维随机过程，在三阶平稳过程中，δ 可表示为：

$$\delta(x,y,z)=\sigma(x,y,z)\times f(x,y,z) \tag{4-6}$$

式中，σ 表示随机介质模型的标准差；f 表示均值为 0、标准差为 1 的随机变量，分布服从自相关函数 R。因此，利用 R 来描述地下空间中介质的空间相关度，常用的自相关函数是高斯型自相关函数：

$$R(\delta_x,\delta_y,\delta_z)=\exp\left[-\left(\frac{\delta_x^2}{a^2}+\frac{\delta_y^2}{b^2}+\frac{\delta_z^2}{c^2}\right)\right] \tag{4-7}$$

式中，δ_x、δ_y、δ_z 分别为三轴方向上的随机扰动量；a、b、c 分别为三轴上的自相关长度。

根据维纳-辛钦定理,空间中的随机变量 $f(x,y,z)$ 的功率谱 $|F(k_x,k_y,k_z)|^2$ 为自相关函数 $R(\delta_x,\delta_y,\delta_z)$ 的傅里叶变换。

$$F[R(\delta_x,\delta_y,\delta_z)] = |F(k_x,k_y,k_z)|^2 \tag{4-8}$$

式中,k_x、k_y、k_z 分别为三轴方向上的波数。

步骤1:生成合适的三轴自相关长度,构建自相关函数 $R(\delta_x,\delta_y,\delta_z)$,并求其傅里叶变换 $F[R(\delta_x,\delta_y,\delta_z)]$。

步骤2:在 $(0,2\pi)$ 的范围内生成初始随机介质 ϕ。

步骤3:计算随机介质的功率谱 $F = \sqrt{S}\,\mathrm{e}^{\mathrm{i}\phi}$,并对其作逆傅里叶变换,得到随机扰动模型,其中 S 为自相关函数 $R(\delta_x,\delta_y,\delta_z)$ 对应的傅里叶变换。

步骤4:对随机扰动模型进行规范化后,得到随机扰动模型 δ。

步骤5:构建符合地下介质规律的介质模型 m_0。

步骤6:在介质模型 m_0 的基础上添加随机扰动模型 δ,得到随机介质模型 m。

步骤7:为了得到地下浅层区域中的速度场模型,需要利用各层的背景速度和介质之间的关系,将随机介质模型转化为速度场模型。根据 Brich 原理,可以用纵波速度的相对扰动量来描述地下介质的小尺度非均质性,即[9,10]

$$\delta V_p = m(x,y,z) \times V_{p0} \tag{4-9}$$

式中,V_{p0} 为各层的背景纵波波速;m 为随机介质模型。m 是均值为零且具有一定自相关函数及方差的二阶平稳随机过程,可得式(4-10):

$$V = V_{p0} + \delta V_p = V_{p0}(1+m) \tag{4-10}$$

综上所述,基于高斯自相关随机介质模型的速度场建模方法的流程如图 4-1 所示。

4.1.5 基于地下浅层典型介质结构的建模

为了检验随机介质建模方法的有效性,本节将按照上述随机介质建模的流程,对地下浅层空间中常见的几种典型介质结构进行研究[11-13]。

首先设置地下浅层区域大小 $X[-50\mathrm{m},50\mathrm{m}]$,$Y[-50\mathrm{m},50\mathrm{m}]$,$Z[-50\mathrm{m},0\mathrm{m}]$,划分网格大小为 $1\mathrm{m}\times1\mathrm{m}\times1\mathrm{m}$,因此该模型将包含 $101\times101\times51$ 个网格节点;设置随机介质模型服从高斯型椭圆自相关函数。

下面研究三轴的自相关长度和生成随机介质模型的关系:将 X 轴和 Y 轴的

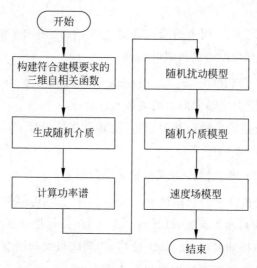

图 4-1　基于随机介质的速度场建模流程

自相关长度均设置为 1m,Z 轴自相关长度则分别为 1m 和 8m,在生成三维随机介质模型后将其沿 XOY 面进行切片,生成的随机介质模型如图 4-2 所示。

　　下面同样将高斯型自相关函数作为表征空间相关度的函数,将 Z 轴自相关长度固定为 1m,X 轴和 Y 轴自相关长度取不同的值时生成如图 4-3 所示的随机介质模型。

　　通过图 4-2 和图 4-3 可以看出,当仅改变 Z 轴自相关长度时,Z 轴方向的介质相关度增大,而 X 轴和 Y 轴的相关度并没有发生变化;当 Z 轴自相关长度一致,改变另外两个轴时,对应轴方向的介质相关度也随之变化。综上所述,三轴自相关长度表征的是随机介质结构在三个坐标轴上的相关程度,因此可以通过设置合适的自相关长度,模拟出不同的介质类型。

　　本节中的典型介质模型主要包括表 4-2 中几种常见的土壤结构,如风化带、干砂、砂质黏土和湿砂等。其中风化带按照风化程度可大致分为全风化带、强风化带、弱风化带、微风化带 4 种,岩石的颜色和光泽度随着风化程度增大逐渐降低,岩体裂隙发育程度增大、岩体完整性减小;干砂是指粒径大于 2mm 的颗粒含量不超过全重 50%、粒径大于 0.075mm 的颗粒超过全重 50% 的土。砂质黏土是介于黏土和砂土之间的一种地基土,黏粒含量 30%~60%;湿砂是一种含水的介质结构。

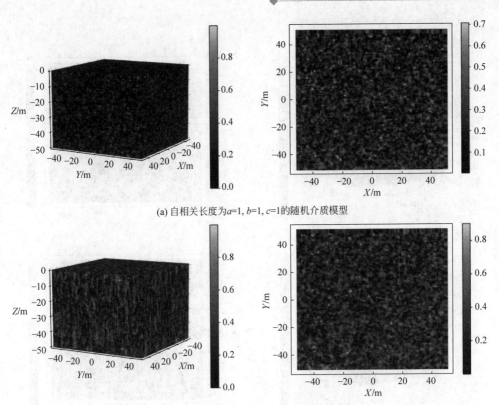

(a) 自相关长度为$a=1$, $b=1$, $c=1$的随机介质模型

(b) 自相关长度为$a=1$, $b=1$, $c=8$的随机介质模型

图 4-2 Z 轴自相关长度不同时的随机介质模型

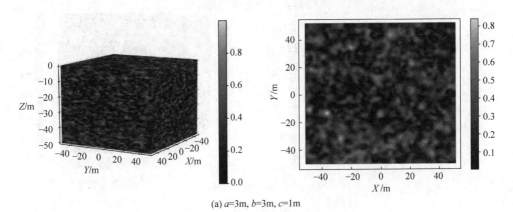

(a) $a=3$m, $b=3$m, $c=1$m

图 4-3 X、Y 轴自相关长度不同时的随机介质模型

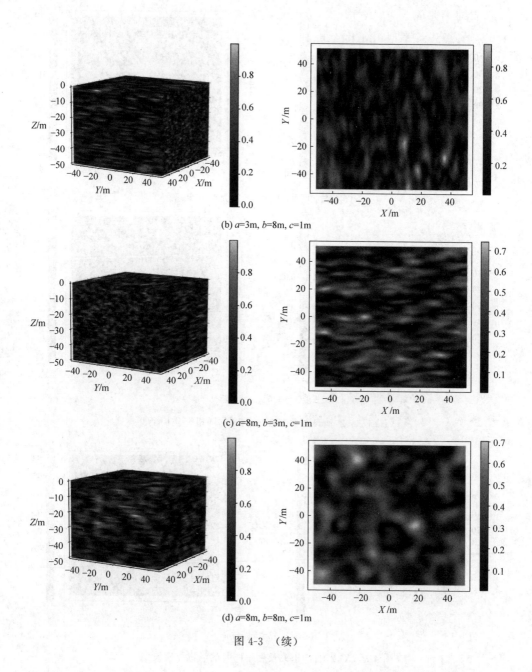

(b) a=3m, b=8m, c=1m

(c) a=8m, b=3m, c=1m

(d) a=8m, b=8m, c=1m

图 4-3 （续）

　　针对上述地下浅层空间中的常见土壤类型,分别设置合适的三轴自相关长度模拟相应的土壤类型,其中三轴自相关长度如表 4-2 所示。按照图 4-1 所示的随机介质建模步骤,分别绘制上述 4 种典型介质的随机介质模型,并在模型的 Z 轴上 $-40\mathrm{m}$ 处,沿 XOY 面绘制相应的二维切片图,如图 4-4 所示。

表 4-2　三轴自相关长度

土 壤 类 型	a/m	b/m	c/m
风化带	1.3	2.2	1.4
干砂	2.6	2.2	2.1
砂质黏土	3.4	4.3	3.5
湿砂	5.2	6.5	7.6

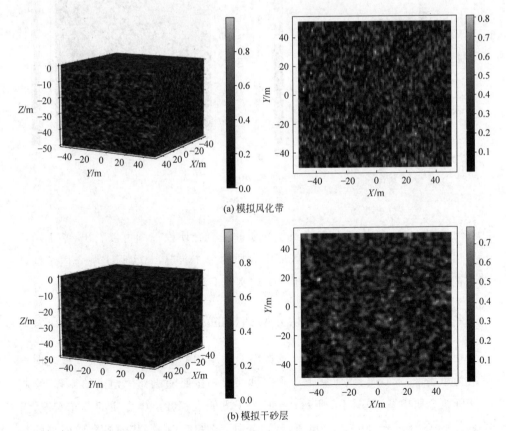

(a) 模拟风化带

(b) 模拟干砂层

图 4-4　典型介质模拟图

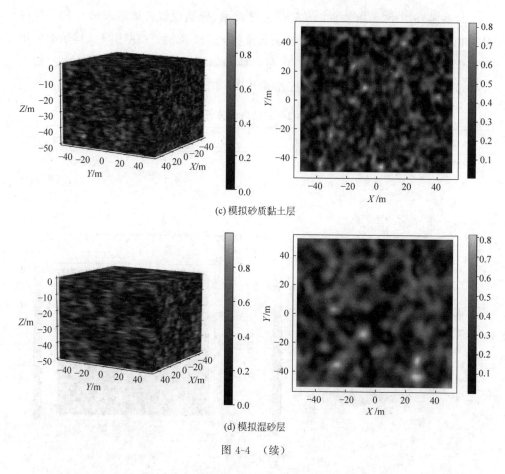

(c) 模拟砂质黏土层

(d) 模拟湿砂层

图 4-4 （续）

通过图 4-4(a)~图 4-4(d)中典型介质的随机介质模拟图可以看出,基于随机介质建模的方法可以快速重建出区域中介质的分布状况,与实际土壤介质结构基本相符,达到了预期的效果,可用于模拟现实地下浅层的介质分布。

4.1.6 基于地下浅层层状介质结构的建模

本节中层状介质结构在上述 4 种典型介质结构的基础上组成,从近地表向下依次为风化带、干砂层、砂质黏土层和湿砂层等。按照随机介质建模的流程,绘制层状随机介质模型,如图 4-5 所示;同时为了方便观察各层中介质的分布状况,沿 Z 轴分别在 $-5m$、$-20m$、$-30m$ 和 $-40m$ 处,将图 4-5 中层状随机介质模型的每一层进行切片展示,如图 4-6 所示。

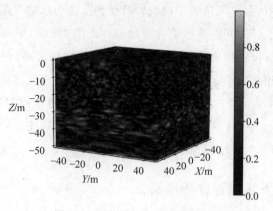

图 4-5 层状随机介质建模结果

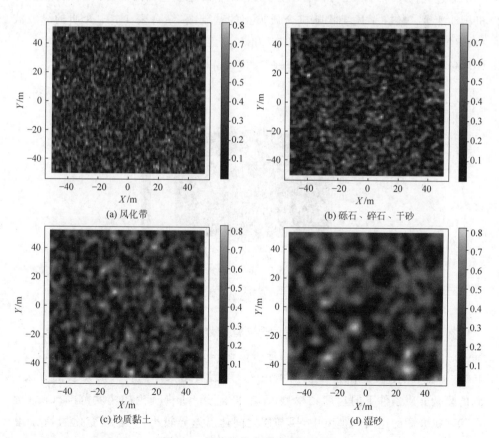

(a) 风化带

(b) 砾石、碎石、干砂

(c) 砂质黏土

(d) 湿砂

图 4-6 层状随机介质建模切片图

在图 4-6(a)中,由于风化带中地表岩石受到阳光雨水的作用,导致岩体本身出现侵蚀,岩石密度下降,同时细沙的含量较高;在图 4-6(b)中,砾石、碎石、干砂相比风化带中的岩石侵蚀程度减小,因此岩石的完整度相对高,但由于地壳运动,这部分的岩石大小相对较小;在图 4-6(c)中,砂质黏土含水量逐渐上升,泥土出现结块;在图 4-6(d)中,湿砂中含水量相对较高,结块现象越来越明显。因此从实际现象分析得出,图 4-6 中(a)～(d)的层状随机介质建模结果均符合现实现象,达到了预期的效果,可用于模拟实际地下浅层的介质分布。

4.1.7　地下浅层速度场建模

通过式(4-10)的描述可以看出,随机介质中的速度包括两部分:背景速度和随机扰动速度。故在上述层状随机介质模型的基础上,结合表 4-1 中介质的纵波波速,将其作为各层的背景纵波速度 V_{p0},并利用式(4-9)和式(4-10)将层状随机介质模型转换为地下浅层区域中的速度场,速度场分布状况如图 4-7 所示。

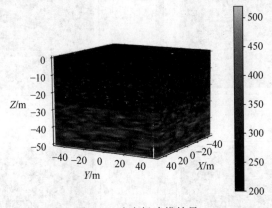

图 4-7　速度场建模结果

在图 4-7 中,从近地表向下各层的速度范围分别为:风化带的速度范围是 200～350m/s,砾石、碎石、干砂的速度范围是 320～350m/s,砂质黏土的速度范围是 340～450m/s,湿砂的速度范围是 410～500m/s。可以看出采用随机介质建模的方法得到的复杂介质条件下的速度场模型,基本符合表 4-1 中理论的速度范围。在上述层状随机介质的速度场模型中,层与层之间速度差异较小,呈连续变化的趋势,因此,将该速度场模型用于后续定位模型的搭建中,本书认为 P 波在此速度场中沿直线传播,不考虑沿折线或曲线传播的情况。

4.2　震动场的逆时反演成像

4.2.1　基于振幅叠加的震源定位模型重建方法

基于振幅叠加的震源定位模型是一种常用的定位方法。该方法假设地下某个区域内存在一个或多个震源点,利用传感器获取这些震源点在某个时刻产生的地震信号。该方法通过对传感器捕获的信号进行处理,计算不同位置上的振幅叠加能量,从而确定震源的位置和发震时刻。相比其他方法,基于振幅叠加的震源定位模型具有计算简单、易于实现等优点。

基于振幅叠加的震源定位模型搭建流程如下[14,15]:

步骤 1:将测试区域划分为离散网格,并将每个离散的网格点假设为当前震源所在的位置。

步骤 2:估计网格点与传感器之间的延时,计算公式如式(4-11)所示:

$$t_i = \frac{\sqrt{(x_i - x)^2 + (y_i - y)^2 + (z_i - y)^2}}{v} \tag{4-11}$$

式中,x_i、y_i 和 z_i 为网格点的位置;x、y 和 z 为传感器位置;v 为震动波波速,由 4.1 节中的速度场模型获取。

步骤 3:利用延时 t 把每一个传感器获取的数据按照相应时间进行偏移。

步骤 4:将所有传感器数据进行叠加,将叠加后的振幅结果作为该网格点的能量值,依次遍历计算所有网格点的能量值,得到三维能量场。其中,振幅叠加的能量计算公式如下所示:

$$E = \left(\sum_{j=1}^{n} a_j(t)\right)^2 \tag{4-12}$$

式中,t 为延时估计;$a_j(t)$ 为第 j 个传感器在 t 时刻对应的振幅大小;n 为传感器个数。

4.2.2　基于 SRP 的震源定位模型重建方法

可控响应功率的本质是由波束形成得到的输出功率。基于 SRP 的震源定位模型是通过对传感器所接收到的震源信号滤波并进行时延补偿求和来形成波束,进而在整个区域中搜索震源位置的过程中引导该波束,最终输出功率最大的点即震源所在的位置。该定位模型原理示意图如图 4-8 所示。

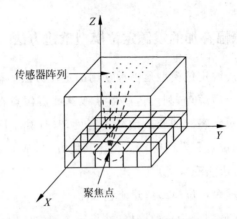

图 4-8　定位模型原理示意图

假设一个传感器阵列有 M 个阵元,第 m 个传感器接收到的信号可以表示为

$$x_m(t) = h_m(t) * s(t) + w_m(t), \quad m = 1, 2, \cdots, M \tag{4-13}$$

式中,$s(t)$ 是震源信号;$h_m(t)$ 是震源到第 m 个传感器的冲击响应;$*$ 表示卷积;$w_m(t)$ 为第 m 个传感器接收到的噪声。

对于空间中任意聚焦点 q,该传感器阵列的波束形成定义为

$$Y(q) = \sum_{m=1}^{M} x_m(t - \tau(q, m)) \tag{4-14}$$

式中,$\tau(q, m)$ 为第 m 个传感器接收到震源信号的延时。

波束形成的输出功率,即可控响应功率的定义式为

$$P(q) = \int_{-\infty}^{\infty} |Y(\omega, q)|^2 \mathrm{d}\omega \tag{4-15}$$

式中,$Y(\omega, q)$ 为 $Y(q)$ 的傅里叶变换。SRP 可以表示为

$$
\begin{aligned}
P(q) &= \int_{-\infty}^{\infty} |Y(\omega, q)|^2 \mathrm{d}\omega \\
&= \int_{-\infty}^{\infty} \left(\sum_{m=1}^{M} X_m(\omega) \mathrm{e}^{-\mathrm{j}\omega\tau_m(q)} \right) \left(\sum_{l=1}^{M} X_l(\omega) \mathrm{e}^{-\mathrm{j}\omega\tau_l(q)} \right)^* \mathrm{d}\omega \\
&= \int_{-\infty}^{\infty} \sum_{m=1}^{M} \sum_{l=1}^{M} X_m(\omega) X_l^*(\omega) \mathrm{e}^{-\mathrm{j}\omega(\tau_m(q) - \tau_l(q))} \mathrm{d}\omega
\end{aligned}
\tag{4-16}
$$

在实际情况中,传感器接收到的信号和滤波器都是能量有限的,所以式(4-16)

的积分是收敛的,求和与积分运算的顺序可以交换,得

$$P(q) = \sum_{m=1}^{M} \sum_{l=1}^{M} \int_{-\infty}^{\infty} X_m(\omega) X_l^*(\omega) e^{-j\omega(\tau_m(q) - \tau_l(q))} d\omega \qquad (4-17)$$

又因为 $\tau_{ml}(q) = \tau_m(q) - \tau_l(q)$,表示第 m 个传感器与第 l 个传感器在接收位置 q 处信号的时间差,故式(4-17)可表示为

$$P(q) = \sum_{m=1}^{M} \sum_{l=1}^{M} \int_{-\infty}^{\infty} X_m(\omega) X_l^*(\omega) e^{-j\omega\tau_{ml}(q)} d\omega \qquad (4-18)$$

第 m 个传感器与第 l 个传感器接收到的信号的互相关(GCC)定义为

$$R_{ml}(\tau) = \frac{1}{2\pi} \int_{-\infty}^{\infty} X_m(\omega) X_l^*(\omega) e^{-j\omega\tau} d\omega \qquad (4-19)$$

故,SRP 可以表示为所有传感器对的 GCC 之和,可表示为

$$P(q) = \sum_{m=1}^{M} \sum_{l=1}^{M} R_{ml}(\tau_{ml}(q)) \qquad (4-20)$$

去掉式(4-20)中的自相关值,可表示为

$$P(q) = \sum_{m=1}^{M} \sum_{l=m+1}^{M} R_{ml}(\tau_{ml}(q)) \qquad (4-21)$$

震源 q 所在位置为区域中可控响应功率最大值处,即

$$q = \arg\max_q P(q) \qquad (4-22)$$

首先,对区域中每个网格点计算可控响应功率,并以此来填充整个区域的网格值;然后,将填充后的网格值构建在能量场震源定位模型中,根据能量场的分布情况寻找最大能量的位置和时刻,进而确定震源所在位置和发震时刻。这一定位模型的优势在于可以高效、准确地定位地下浅层震源,且不受介质结构复杂性的限制。基于 SRP 的震源定位模型搭建流程如图 4-9 所示。

4.2.3　基于改进 SRP 的震源定位模型重建方法

利用式(4-20)和式(4-21)可以得到基于 SRP 的震源定位模型,但在此过程中容易出现能量场图像聚焦区域模糊、成像精度差的现象,同时也会使得互相关次数随着网格的划分大小而逐渐增加,无形之中增加了计算量,降低了实际算法的使用效率。故在本节中,为了使得基于 SRP 的震源定位模型获得更好的聚焦效果,将通过以下两方面对该定位模型进行优化[16-19]:

(1)通过建立查找表的方式,将原先网格扫描时波形互相关的过程,优化为查

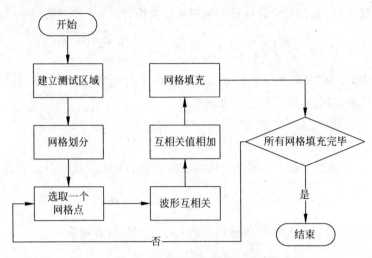

图 4-9   基于 SRP 的震源定位模型搭建流程图

找互相关值的过程；

（2）利用式(4-23)所示的互相关值累乘进一步提升互相关值之间的相关度，以便提升成像的精度。

$$P(q) = \prod_{m=1}^{M} \prod_{l=m+1}^{M} R_{ml}(\tau_{ml}(q)) \tag{4-23}$$

优化后模型搭建流程如图 4-10 所示。

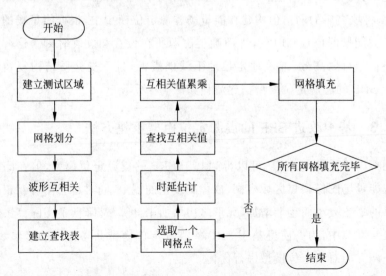

图 4-10   基于改进 SRP 的能量场模型搭建流程

步骤 1：网格离散化

建立测试区域,并将整个区域进行网格离散化,同时设置网格大小为 $1 \times 1 \times 1$,可得到多个网格点,将每个网格点当作波束形成的聚焦点。

步骤 2：建立查找表

将 M 个传感器信号进行互相关,得到 C_M^2 组互相关波形,利用式(4-21)建立一个时间-互相关值查找表。

步骤 3：计算时间差

在每个聚焦点处,计算出各个传感器信号到该聚焦点的传播时间,并计算 C_M^2 组传感器之间的时间差。

步骤 4：网格填充

用时间差信息在查找表中查找互相关值,可得到 C_M^2 个值,通过进一步增大值之间互相关度,从而获得更好的聚焦效果,将式(4-23)中互相关值累乘的结果作为当前聚焦点的能量值。

步骤 5：遍历区域,得出结果

遍历整个区域计算每一个聚焦点的能量值,得到整个区域的能量场,绘制区域中的能量场图像。

4.2.4 能量场重建精度评价方法

高精度的定位结果得益于高分辨率的能量场模型,接近震源处的能量逐渐聚集到最大。但实际情况下,能量并不会聚集成一个点,而是在一个区域中分布,通常呈现出椭球状,因此可以通过该椭球的半轴长来评估能量聚焦的精度(图 4-11)。椭球的半轴长越小,能量的分布越集中,能量聚焦精度越高;反之,半轴长越大,能量的分布越分散,能量聚焦精度越低。因此,在应用高分辨率的能量场模型进行震源定位时,需要综合考虑能量分布的范围和聚焦精度,以得到更加准确的定位结果。

除此之外,峰值信噪比也可用于定量评价振幅叠加的能量场模型质量的标准。峰值信噪比 R_{PSN} 越高,代表能量聚焦效果越清晰,越容易分

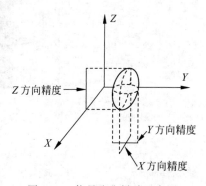

图 4-11 能量聚焦椭球示意图

辨出震源的位置。其中,峰值信噪比的具体定义如下:

$$R_{\text{PSN}} = 20\lg\left\{\frac{\max[I(x)]}{\sqrt{\dfrac{\displaystyle\int_{X \in D_n} n^2(x)\mathrm{d}x}{N}}}\right\} \tag{4-24}$$

式中,X 为三维空间坐标(x,y,z);I 为解空间,N 为其中点的个数;设置一个阈值,将小于该阈值的所有点归为 D_n,D_n 为解空间 I 的一个子空间。

4.2.5　能量场重建结果及对比分析

为了进一步对比基于振幅叠加、基于 SRP 改进前后的三种震源定位模型的差异,在划分好的每个时窗内绘制改进前后对应的三维能量场图像,并在预设三个震源处分别对其进行切片,得到如图 4-12~图 4-14 所示的能量场对比图。

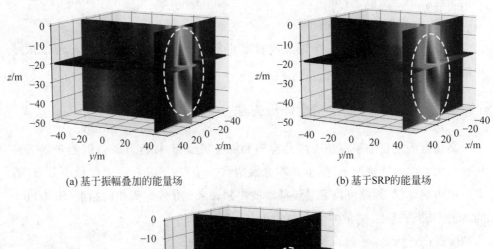

(a) 基于振幅叠加的能量场　　　　　　　　(b) 基于 SRP 的能量场

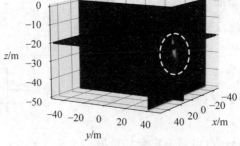

(c) 基于改进 SRP 的能量场

图 4-12　震源 1 三维能量场重建对比图

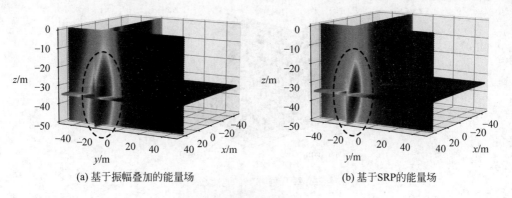

(a) 基于振幅叠加的能量场　　　　　　　　　(b) 基于SRP的能量场

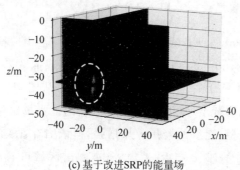

(c) 基于改进SRP的能量场

图 4-13　震源 2 三维能量场重建对比图

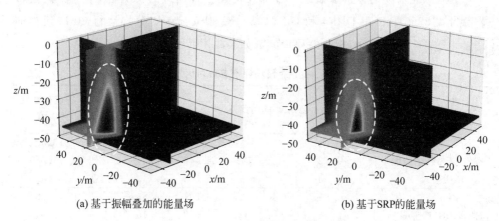

(a) 基于振幅叠加的能量场　　　　　　　　　(b) 基于SRP的能量场

图 4-14　震源 3 三维能量场重建对比图

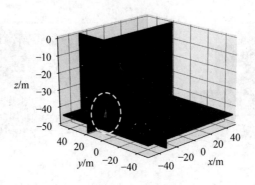

(c) 基于改进SRP的能量场

图 4-14 （续）

　　从图 4-12(a)～图 4-14(a)中被圈出区域可以看出,基于振幅叠加的能量场定位模型中能量的聚焦效果并不好,存在聚焦区域模糊、成像效果不精确的现象,从而使得定位精度下降,不利于后续对震源的搜索定位；从图 4-12(b)～图 4-14(b)中被圈出区域可以直观地看出,基于改进前的 SRP 的能量场定位模型相比基于振幅叠加的能量场定位模型,能量的聚焦效果增强,但依旧存在聚焦区域模糊、成像质量差的问题；但从图 4-12(c)～图 4-14(c)被圈出区域可看出,基于改进后的 SRP 的能量场定位模型,在空间中能量的分布更加集中,聚焦模糊区域大幅减少。

　　下面从能量场的评价参数进一步对比上述三种模型的优劣性,本书算法运行平台为 i7-8750H、8GB DDR4 和 GTX1060 6G 独立显卡。分别运行 10 次建模的流程计算平均建模时间,相关的评价参数如表 4-3 所示。

表 4-3　能量场评价参数对比表

| 能　量　场 | 震　源 | 建模时间/s | 定位椭球误差/m | | | 峰值信噪比/dB |
			x 方向	y 方向	z 方向	
基于振幅叠加的能量场	1		5.143	4.354	6.221	16.591
	2	403.125	5.143	4.354	8.221	15.279
	3		5.573	4.743	7.351	16.538
基于 SRP 的能量场	1		3.231	2.983	3.001	18.483
	2	1423.029	2.593	2.346	3.547	18.092
	3		2.325	2.473	2.947	19.138

续表

能　量　场	震　源	建模时间/s	定位椭球误差/m			峰值信噪比/dB
			x 方向	y 方向	z 方向	
	1		0.113	0.527	0.367	41.874
基于改进 SRP 的能量场	2	12.530	0.027	0.013	0.352	39.103
	3		0.167	0.027	0.053	40.031

表 4-3 中,基于振幅叠加的能量场定位模型的平均建模时间是 403.125s,定位椭球误差较大,峰值信噪比较低;基于 SRP 的能量场定位模型的平均建模时间需要 1423.029s,定位椭球误差减小,峰值信噪比有一定的提高,但由于在网格填充时每个网格点都要做 C_M^2 组互相关,因此区域中网格划分越密集需要做互相关的次数越多,这个过程不仅耗时而且占用大量电脑资源,也会增加建模时间,降低实际应用过程中算法的适用性;而基于改进 SRP 的能量场定位模型的平均建模时间大幅降至 12.530s,时间缩短了将近 1410.499s,定位椭球误差减小,峰值信噪比提升幅度较大,可以看出通过查找表的方式,不仅大大降低了互相关的次数和计算量,而且减少了电脑资源的消耗,定位模型的精度更高。

综上所述,基于改进后的 SRP 能量场定位模型具有模型搭建速度快、成像精度高、误差小的特点。通过搭建高精度的定位模型,为后续得到地下浅层震源定位的结果打下了坚实的基础。

4.3　震动场传感器阵列优化布设

传感器的阵列结构应当根据被监测区域的地形特点进行布设,按一定形状布设的传感器阵列接收到的信号通过后期的数据处理,相比于散乱布置的传感器节点可以得到更为准确的特征参数。作为地震数据信号接收的前端部分,阵列的布设方式尤为重要,且不同的阵列设计具有各自的优势。

4.3.1　基于 GDOP 的传感器优化布设

几何稀释精度(geometric dilution of precision,GDOP)是表征定位精度的极其重要的参数,通常用来评价某种定位算法的性能。GDOP 是定位误差与等效距离误差之间的相对关系,也体现了目标震源与基站之间的相对几何布局关系对定位误差的影响,是研究和评价定位系统性能的基本特征[20,21],如下式所示。

$$\text{GDOP} = \sqrt{\sigma_x^2 + \sigma_y^2 + \sigma_z^2} \tag{4-25}$$

式中,σ_x,σ_y,σ_z 为 x,y,z 三个轴向上的定位标准差。

假定三维时差定位系统的示意图如图 4-15 所示,该系统由一个主站和三个基站构成,其中假定 S_0 为主站,S_1、S_2、S_3 为基站,目标震源的位置为 p_r。

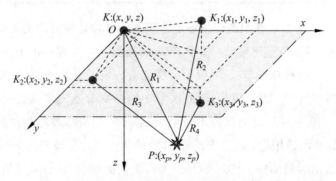

图 4-15　时差定位几何示意图

由传感器阵列中各个阵元的位置信息、目标震源的位置信息及震源和各阵元之间的距离,可得

$$\begin{cases} \Delta R_i = |R_i - R| = V \cdot |t_i - t| \\ R = \sqrt{(x_p - x)^2 + (y_p - y)^2 + (z_p - z)^2} \\ R_i = \sqrt{(x_p - x_i)^2 + (y_p - y_i)^2 + (z_p - z_i)^2} \end{cases} \tag{4-26}$$

式中,V 为地震波的传播速度;t 为传感器记录的初至波到时;R_i 为基站跟震源之间的距离;ΔR_i 为目标震源跟第 i 个基站之间距离减去主站跟震源之间距离的差的绝对值。对 ΔR_i 求微分,可得

$$H \cdot dN = dM - G_0 dK + G_1 dK_1 + G_2 dK_2 + G_3 dK_3 \tag{4-27}$$

其中:

$$H_{ix} = \frac{x_p - x_i}{R_i}, \quad H_{iy} = \frac{y_p - y_i}{R_i}, \quad H_{iz} = \frac{z_p - z_i}{R_i} \tag{4-28}$$

$$H = \begin{bmatrix} H_{1x} - H_x & H_{1y} - H_y & H_{1z} - H_z \\ H_{2x} - H_x & H_{2y} - H_y & H_{2z} - H_z \\ H_{3x} - H_x & H_{3y} - H_y & H_{3z} - H_z \end{bmatrix}, \quad dN = \begin{bmatrix} dx_p \\ dy_p \\ dz_p \end{bmatrix}$$

$$dM = \begin{bmatrix} d(\Delta R_1) \\ d(\Delta R_2) \\ d(\Delta R_3) \end{bmatrix} \tag{4-29}$$

$$dK_i = \begin{bmatrix} dx_i \\ dy_i \\ dz_i \end{bmatrix}, \quad G_0 = \begin{bmatrix} H_{1x} & H_{1y} & H_{1z} \\ H_{2x} & H_{2y} & H_{2z} \\ H_{3x} & H_{3y} & H_{3z} \end{bmatrix}, \quad G_1 = \begin{bmatrix} H_{1x} & H_{1y} & H_{1z} \\ 0 & 0 & 0 \\ 0 & 0 & 0 \end{bmatrix} \tag{4-30}$$

$$G_2 = \begin{bmatrix} 0 & 0 & 0 \\ H_{2x} & H_{2y} & H_{2z} \\ 0 & 0 & 0 \end{bmatrix}, \quad G_3 = \begin{bmatrix} 0 & 0 & 0 \\ 0 & 0 & 0 \\ H_{3x} & H_{3y} & H_{3z} \end{bmatrix}, \quad i=1,2,3 \tag{4-31}$$

测量误差存在于传感器阵列中的所有基站,且所有误差相关,若经过修正以后均值等于 0,并且阵元坐标误差的每个元素间不相关,则当 $B = (H^T H)^{-1} \cdot H^T$ 时,震源定位误差的协方差矩阵为

$$P_{d\hat{N}} = E(d\hat{N} \cdot d\hat{N})$$

$$= B\{E[dM \cdot dM^T] + G_0 \cdot E[dK \cdot dK^T] \cdot G_0^T + G_1 \cdot E[dK_1 \cdot dK_1^T] \cdot G_1^T + G_2 \cdot E[dK_2 \cdot dK_2^T] \cdot G_2^T + G_3 \cdot E[dK_3 \cdot dK_3^T] \cdot G_3^T \} B^T \tag{4-32}$$

式中,

$$E[dM \cdot dM^T] = \begin{bmatrix} \sigma_{\Delta R_1}^2 & \eta_{12}\sigma_{\Delta R_1}\sigma_{\Delta R_2} & \eta_{13}\sigma_{\Delta R_1}\sigma_{\Delta R_3} \\ \eta_{21}\sigma_{\Delta R_2}\sigma_{\Delta R_1} & \sigma_{\Delta R_2}^2 & \eta_{23}\sigma_{\Delta R_2}\sigma_{\Delta R_3} \\ \eta_{31}\sigma_{\Delta R_3}\sigma_{\Delta R_1} & \eta_{32}\sigma_{\Delta R_3}\sigma_{\Delta R_2} & \sigma_{\Delta R_3}^2 \end{bmatrix} \tag{4-33}$$

$\sigma_{\Delta R_i}^2$ 表示 ΔR_i 测量误差的方差; η_{ij} 表示 ΔR_i 和 ΔR_j 之间的相关系数。若基站坐标误差在各分量上的方差都相等,也就是 $\sigma_{xi}^2 = \sigma_{yi}^2 = \sigma_{zi}^2$,则基站坐标误差协方差矩阵为

$$E[dK_i \cdot K_i^T] = E\left[\begin{pmatrix} dx_i \\ dy_i \\ dz_i \end{pmatrix} (dx_i \quad dy_i \quad dz_i)\right] = \begin{bmatrix} \sigma_{xi}^2 & 0 & 0 \\ 0 & \sigma_{yi}^2 & 0 \\ 0 & 0 & \sigma_{zi}^2 \end{bmatrix}, \quad i=0,1,2,3 \tag{4-34}$$

目标震源的定位误差协方差矩阵为

$$E[\mathrm{d}N \cdot N^{\mathrm{T}}] = E\left[\begin{pmatrix} \mathrm{d}x_P \\ \mathrm{d}y_P \\ \mathrm{d}z_P \end{pmatrix} (\mathrm{d}x_P \quad \mathrm{d}y_P \quad \mathrm{d}z_P)\right] = \begin{bmatrix} \sigma_x^2 & 0 & 0 \\ 0 & \sigma_y^2 & 0 \\ 0 & 0 & \sigma_z^2 \end{bmatrix} \quad (4\text{-}35)$$

按照 GDOP 的原理便可以求出立体空间中时差系统的几何定位精度。

$$\mathrm{GDOP} = \sqrt{\mathrm{trace}(E(\mathrm{d}N \cdot \mathrm{d}N^{\mathrm{T}}))} \quad (4\text{-}36)$$

由此可知几何精度因子 GDOP 代表了对目标定位的精度,目标定位中研究和提高定位精度的需求尤为重要。因此需要根据 GDOP 分布情况来选择传感器阵列的布局,采集有用信号,并根据已知的传感器阵列位置解算出待定位目标震源位置。定位精度受等效距离误差和传感器阵列布局关系两方面因素制约,所以在研究如何减小等效距离误差的同时,也需要进一步研究如何优化传感器阵列的布局,减小系统定位误差。如图 4-16~图 4-23 是几种不同阵列形状的 GDOP 分析情况。

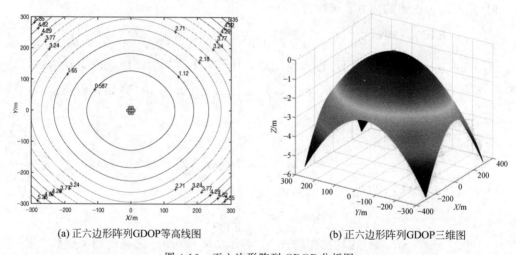

(a) 正六边形阵列GDOP等高线图　　　　(b) 正六边形阵列GDOP三维图

图 4-16　正六边形阵列 GDOP 分析图

由图 4-16~图 4-21 可知,不同阵列布设方法对于目标震源位置的定位精度各有不同,且对于阵元基线夹角对应的方向精度更高,响应更敏感。如图 4-21(a)所示,随着基线长度增加,其 GDOP 分布最终会呈十字纺锤形状。对于高度−50m 的震源定位,上述几种定位方法对于目标震源的定位精度基本符合要求,且等高线图分布较为均匀。同时从图 4-18 可以看出,X 形阵列在同等坐标范围的 GDOP 值最小,即定位精度最高,其次为环形和正六边形阵列。

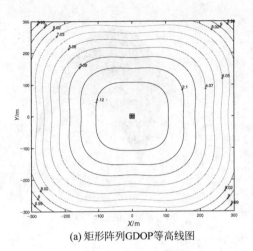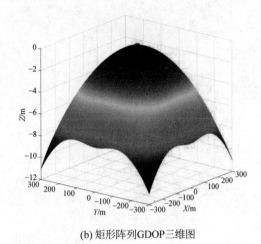

(a) 矩形阵列GDOP等高线图 (b) 矩形阵列GDOP三维图

图 4-17 矩形阵列 GDOP 分析图

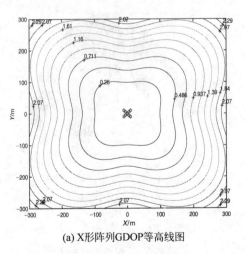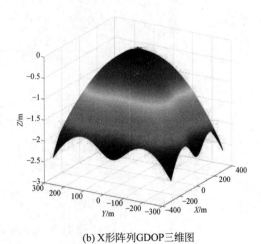

(a) X形阵列GDOP等高线图 (b) X形阵列GDOP三维图

图 4-18 X 形阵列 GDOP 分析图

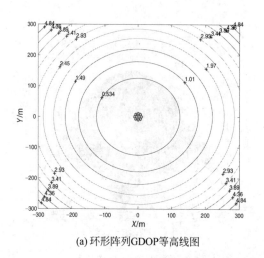

(a) 环形阵列GDOP等高线图

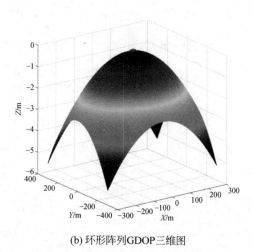

(b) 环形阵列GDOP三维图

图 4-19　环形阵列 GDOP 分析图

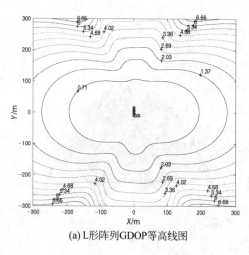

(a) L形阵列GDOP等高线图

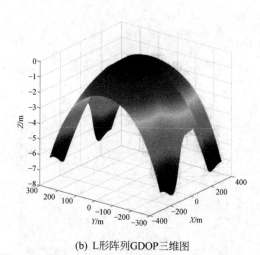

(b) L形阵列GDOP三维图

图 4-20　L 形阵列 GDOP 分析图

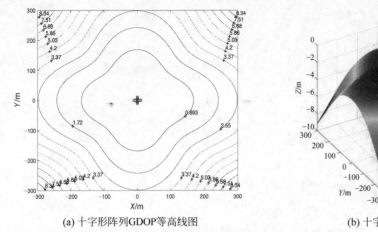
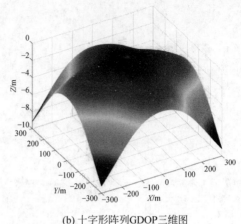

(a) 十字形阵列GDOP等高线图　　　　　(b) 十字形阵列GDOP三维图

图 4-21　十字形阵列 GDOP 分析图

为了验证阵元间距对定位精度的影响,对 X 形和环形阵列的 GDOP 分布情况再次进行仿真,阵元间距增加一倍。得到的 GDOP 等高线分布图如图 4-22 和图 4-23 所示。在(100,100)左右的位置,阵元间距为 10m 的环形阵列 GDOP 值为 0.135,远小于阵元间距 5m 下的环形阵列。阵元间距为 10m 时 X 形阵列的 GDOP 值为 0.0669,远小于阵元间距 5m 时 X 形阵列的 GDOP 值 0.26。由以上仿真结果可知,阵列的基线越长,其定位精度越高。

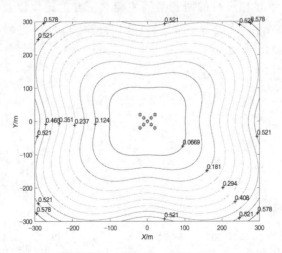

图 4-22　阵元间距增加一倍后的 X 形阵列 GDOP 等高线图

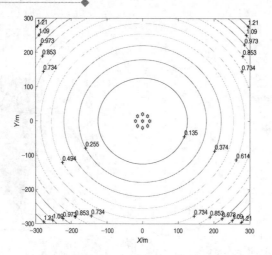

图 4-23　阵元间距增加一倍后的环形阵列 GDOP 等高线图

4.3.2　基于 F-K 聚束的传感器优化布设

在空间中,若要准确得到慢度值及其方位角,就需要传感器阵列都不能只有一条单一的线阵,因为如果仅有一条线,那么它在接收信号的时候,一旦信号与它平行,那么接收的信号仅仅相当于从一点接收。而信号如果沿着与传感器阵列垂直的方向传送过来,传感器阵列就只对信号方向有感知,但对信号速度没有感知,因此在布阵时,存在不互相平行的两条基线才能对信号的速度以及方向有感知。如图 4-24～图 4～28 所示,在设置子阵数目相同的情况下,以下几种传感器阵列布设方式各有各的特点。

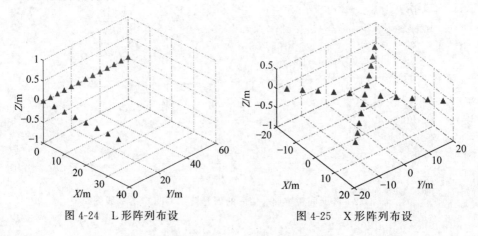

图 4-24　L 形阵列布设　　　　　　　图 4-25　X 形阵列布设

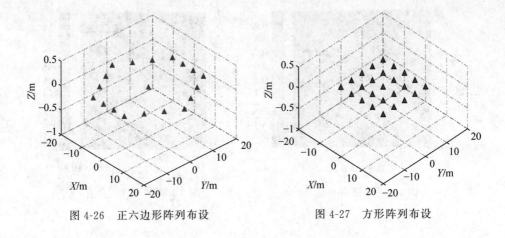

图 4-26 正六边形阵列布设   图 4-27 方形阵列布设

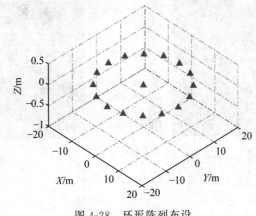

图 4-28 环形阵列布设

对不同方式布设的传感器阵列进行仿真试验,模拟平面波,其入射角度为$-\pi/4$,即$-45°$,波速为$1200\mathrm{m/s}$,仿真得到的结果如图 4-29～图 4-34 和表 4-4 所示。

L形和X形传感器阵列的F-K仿真结果图较为清晰,在图中很清楚地可以看到一个光圈,并且在光圈中搜索到了一个代表能量谱中最大值的点,分别为0.9776和0.9752。因此可知 X、L 形的阵列布设方式能为数据处理提供较好的信息。

正六边形的阵列布设方式同样得到了一个较为清晰的最大值点 0.9869,但是在图中隐约看到右边存在一个极值,虽对结果没产生影响。与此相比,大环形阵列的信号聚束处理结果中可以很明显地看出有一个很突出的最大值点 0.9880,能量

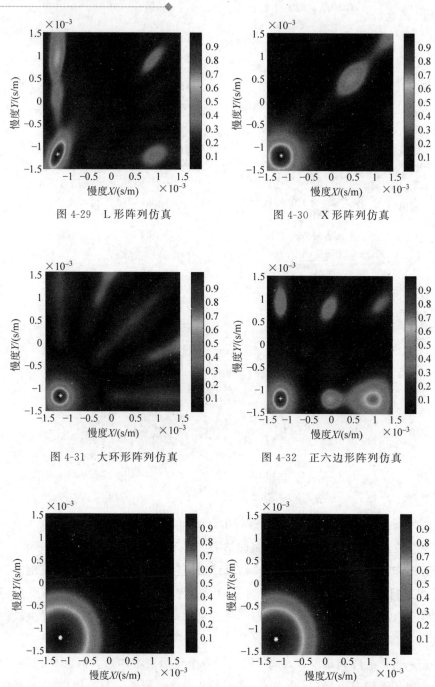

图 4-29 L 形阵列仿真

图 4-30 X 形阵列仿真

图 4-31 大环形阵列仿真

图 4-32 正六边形阵列仿真

图 4-33 小环形阵列仿真

图 4-34 方形阵列仿真

圈很小,易于分辨,因此这种布设方式能更好地满足数据接收处理的要求。阵元间距为大环形阵列 1/2 的小环形和方形传感器阵列的收敛效果比大环形阵列差,产生光圈范围较大,虽然同样能在里面找到最大值点 0.9643 和 0.9671,产生这个结果的主要因素为阵列阵元间距。

表 4-4　各个阵列能量谱拾取的慢度矢量 u 与对应的速度值

传感器阵列	能量谱极值	慢度矢量 u 对应入射角度	慢度矢量 u 对应的速度值/(m/s)	慢度矢量 u 对应的速度值绝对误差/(m/s)
L 形阵列	0.9776	$-45.00°$	1208.73	8.73
X 形阵列	0.9752	$-45.00°$	1208.73	8.73
大环形阵列	0.9880	$-45.00°$	1208.73	8.73
小环形阵列	0.9643	$-45.00°$	1219.13	19.13
方形阵列	0.9671	$-45.75°$	1235.44	35.44
正六边形阵列	0.9869	$-45.00°$	1208.73	8.73

　　通过不同形状阵列的布设并利用 MATLAB 进行了仿真,对地下震动信号的拾取开展了基于震动传感器阵列布设的 F-K 分析算法研究,分析了在不同布设方式下的能量聚束效果。经数据分析结果表明,不同形状的阵列决定了不同方位的分辨能力,且传感器阵列的阵元间距也会影响特征参数提取精度,在此算法基础上正六边形与大环形传感器阵列针对震动事件的分析效果是最好的。

4.4　本章小节

　　本章详细介绍了地下瞬态震动场逆时重建方法,研究了地下浅层区域中介质的分布特性,提出了基于 SRP 的震动场重建模型,探讨了震动传感器阵列的最优布设方法,为地下浅层震动场重建提供了理论支撑。

第 5 章

瞬态冲击波场时空重建方法

本章介绍了冲击波超压场的时空重建方法,建立了三维冲击波场的走时模型,通过将走时层析成像与反演算法相结合,重建了爆炸测试区域的冲击波速度场分布,并将其转化为超压场分布,实现了超压场重建的目的。

5.1 初始模型构建

对于不完全投影数据条件下的成像问题,其反演重建结果与初始模型有一定相关性,因此,初始模型应尽可能接近真实模型。通常情况下,将被测对象的特征与已有的先验知识相结合,以此来建立初始模型,或者选取合适的经验公式来设置初始模型。本节主要对实测数据和各经验公式理论值的相关性进行对比分析,目的在于选取合适的初始模型,提高重建精度。

5.1.1 冲击波超压经验公式

在空中爆炸时,影响冲击波压力值的主要因素有测试点与爆炸点的距离、炸药的当量、周围大气环境的气压与密度等。通过相似理论和量纲分析并验证,空中爆炸冲击波的超压峰值 Δp、正压作用时间 τ_+、比冲量 I 均可表示为有关比例距离 $\bar{r} = r / \sqrt[3]{W}$ 的函数,进一步可展开成多项式的形式,分别表示为

$$\Delta p = f_1\left(\frac{\sqrt[3]{W}}{r}\right) = A_0 + \frac{A_1}{\bar{r}} + \frac{A_2}{\bar{r}^2} + \frac{A_3}{\bar{r}^3} + \cdots$$

$$\tau_+ = f_2\left(\frac{\sqrt[3]{W}}{r}\right) = B_0 + \frac{B_1}{\bar{r}} + \frac{B_2}{\bar{r}^2} + \frac{B_3}{\bar{r}^3} + \cdots \tag{5-1}$$

$$I = f_3\left(\frac{\sqrt[3]{W}}{r}\right) = C_0 + \frac{C_1}{\bar{r}} + \frac{C_2}{\bar{r}^2} + \frac{C_3}{\bar{r}^3} + \cdots$$

式中,比例距离$(m \cdot kg^{-\frac{1}{3}})$可表示为$\bar{r} = \dfrac{r}{\sqrt[3]{W}}$,$r$为测试点与爆炸点的距离(m);$W$为TNT当量(kg);$A_i$、$B_i$、$C_i$($i = 0, 1, 2, \cdots$)系数由具体试验确定。

基于以上函数形式,目前衍生出大量的经验公式来计算超压峰值,较为普遍的有苏联的萨道夫斯基(M. A. Sadovskye)公式、捷克的J. Henrych公式等。各公式的具体表达式如下所示。

萨道夫斯基公式:

$$\Delta p = \begin{cases} \dfrac{1.07}{\bar{r}^3} - 0.1 & (\bar{r} \leqslant 1) \\ \dfrac{0.076}{\bar{r}} + \dfrac{0.255}{\bar{r}^2} + \dfrac{0.65}{\bar{r}^3} & (1 < \bar{r} \leqslant 15) \end{cases} \tag{5-2}$$

J. Henrych公式:

$$\Delta p = \begin{cases} \dfrac{1.407\,17}{\bar{r}} + \dfrac{0.553\,97}{\bar{r}^2} - \dfrac{0.035\,72}{\bar{r}^3} + \dfrac{0.000\,625}{\bar{r}^4} & (0.05 \leqslant \bar{r} \leqslant 0.3) \\ \dfrac{0.619\,38}{\bar{r}} - \dfrac{0.0326}{\bar{r}^2} + \dfrac{0.213\,24}{\bar{r}^3} & (0.3 < \bar{r} \leqslant 1) \\ \dfrac{0.0662}{\bar{r}} + \dfrac{0.405}{\bar{r}^2} + \dfrac{0.3288}{\bar{r}^3} & (1 < \bar{r} \leqslant 10) \end{cases} \tag{5-3}$$

叶晓华公式:

$$\Delta p = \dfrac{0.084}{\bar{r}} + \dfrac{0.27}{\bar{r}^2} + \dfrac{0.7}{\bar{r}^3} \tag{5-4}$$

Mills公式:

$$\Delta p = \dfrac{0.108}{\bar{r}} - \dfrac{0.114}{\bar{r}^2} + \dfrac{1.772}{\bar{r}^3} \tag{5-5}$$

Baker公式:

$$\Delta p = \begin{cases} \dfrac{2.006}{\bar{r}} + \dfrac{0.194}{\bar{r}^2} + \dfrac{0.004}{\bar{r}^3} & (0.05 \leqslant \bar{r} < 0.5) \\ \dfrac{0.067}{\bar{r}} + \dfrac{0.301}{\bar{r}^2} + \dfrac{0.431}{\bar{r}^3} & (0.5 \leqslant \bar{r} \leqslant 70.9) \end{cases} \tag{5-6}$$

5.1.2 模型对比分析

对于不完全数据成像问题,其重建效果较大程度上与初始模型的选取有关。

为提升重建效果,应保证初始模型在最大程度上接近真实模型。因此将某次空中爆炸试验(TNT 当量为 20kg,架高 1.9m)的实测结果与各经验公式计算结果进行比较,选取与实测值吻合度最高的经验公式作为后续试验的初始模型。采用以上几种经验公式分别计算不同爆心距离处的冲击波超压峰值,计算结果与实测结果如表 5-1 所示,吻合度曲线如图 5-1 所示。

表 5-1 冲击波超压峰值经验公式计算表

爆心距离/m	实测值/MPa	萨道夫斯基公式/MPa	J. Henrych公式/MPa	叶晓华公式/MPa	Mills 公式/MPa	Baker 公式/MPa
2.0025	1.4737	2.5650	1.3107	2.3534	4.3504	1.7174
3.1623	0.5856	0.6642	0.5632	0.7138	1.1294	0.5519
3.6056	0.5718	0.4791	0.4197	0.5149	0.7728	0.4049
4.0012	0.3745	0.3718	0.3340	0.3998	0.5740	0.3185
4.0311	0.5024	0.3653	0.3286	0.3927	0.5621	0.3132
4.1231	0.3451	0.3460	0.3129	0.3721	0.5273	0.2975
4.2426	0.3452	0.3232	0.2942	0.3476	0.4865	0.2789
6.0008	0.1734	0.1467	0.1432	0.1580	0.1895	0.1318
6.0008	0.1722	0.1467	0.1432	0.1580	0.1895	0.1318
6.3246	0.2136	0.1310	0.1290	0.1411	0.1654	0.1183
6.3906	0.1521	0.1281	0.1264	0.1380	0.1611	0.1158
7.2111	0.1251	0.0994	0.0998	0.1072	0.1190	0.0908
7.6217	0.1009	0.0887	0.0898	0.0958	0.1041	0.0815
8.0025	0.1326	0.0805	0.0819	0.0869	0.0927	0.0742
8.2970	0.1139	0.0749	0.0765	0.0809	0.0852	0.0692
9.2027	0.0567	0.0613	0.0632	0.0662	0.0674	0.0570
9.2785	0.0658	0.0603	0.0627	0.0652	0.0662	0.0562
10.0045	0.0583	0.0524	0.0543	0.0566	0.0563	0.0489
10.4403	0.0481	0.0484	0.0504	0.0524	0.0515	0.0453
10.8301	0.0783	0.0453	0.0472	0.0490	0.0478	0.0425
11.0494	0.0334	0.0437	0.0456	0.0473	0.0459	0.0410
12.0037	0.0526	0.0377	0.0395	0.0409	0.0391	0.0355
12.0067	0.0380	0.0377	0.0395	0.0409	0.0390	0.0355
12.0830	0.0819	0.0373	0.0390	0.0404	0.0386	0.0351
12.3693	0.0570	0.0358	0.0375	0.0388	0.0370	0.0338
12.8062	0.0321	0.0338	0.0354	0.0366	0.0346	0.0318
12.8062	0.0324	0.0338	0.0354	0.0366	0.0346	0.0318
13.0000	0.0382	0.0329	0.0345	0.0357	0.0337	0.0310

续表

爆心距离/m	实测值/MPa	萨道夫斯基公式/MPa	J. Henrych公式/MPa	叶晓华公式/MPa	Mills 公式/MPa	Baker 公式/MPa
14.4222	0.0343	0.0277	0.0290	0.0300	0.0281	0.0261
14.7054	0.0292	0.0268	0.0281	0.0291	0.0272	0.0253
16.9706	0.0347	0.0213	0.0223	0.0232	0.0216	0.0207

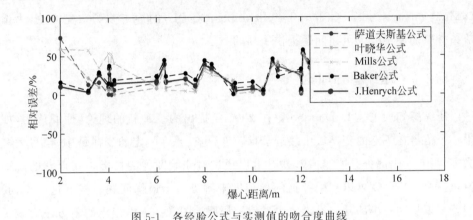

图 5-1 各经验公式与实测值的吻合度曲线

实测值与初始模型的爆心距离相对误差越接近 0,表示两者之间的吻合程度越高。从图中能够得出,该组数据与 J. Henrych 经验公式的吻合度最高,因此后续选用该经验公式作为反演的初始模型,对爆炸冲击波超压场进行重建。

5.2 解算模型

层析成像中的重建过程即为求解层析矩阵,在实际重建中,由于存在大量的未知数,而投影数据量又很小,所以只有有限的几个网格内有射线通过,投影数据的数目远远小于未知数的数目,使得矩阵方程是一个欠定的方程,并且存在无限多组解,所以,传统的线性方程组求解方法不能得到解,必须采用数值逼近的方法。在此基础上,提出了一系列求解大规模稀疏矩阵系统的逆向算法。目前,常规反演方法主要包括反投影法(BPT)、代数重建算法(ART)、联合迭代重建方法(SIRT)、联合代数重建算法(SART)、EM 迭代算法等。本书针对稀疏矩阵求解问题,提出了基于压缩感知的空间约束联合字典学习的重建方法[22,23]。

在实际试验过程中,传感器测试点较少且数据采集容易存在误差,即投影数据量较少,而未知数的数量较大,使投影数据个数远小于像素个数。层析成像重建问题相当于求解一个大型的欠定方程题,传统的求解方法并不适用。针对欠定方程的求解,有效的解决办法就是添加约束条件。冲击波随距离的衰减是连续的,现有的重建仅单独利用了测试点的信息,本书在压缩感知理论的基础上,将阵列化信号的超压峰值随距离衰减的趋势作为约束条件,提出了空间约束联合字典学习(spatial constrained joint dictionary learning,SC-DL)的冲击波场重建方法,为稀疏条件下的冲击波重建问题提供了新的方法。

5.2.1　压缩感知理论

压缩感知理论是 D. Donoho 等在 2006 年提出的一种新的理论,他们认为,如果一个信号在一定的变换域中接近于稀疏度(也就是在一定的变换域中,信号大多为零,只有一小部分是非零值),并且可以通过对原始图像的投影来获得它的观察值,这种情况下,就可以利用数据的稀疏度来解决一个最优问题。根据这一点,我们就可以从这一小部分的投影值中重建一幅原始图像。本书提出的新方法突破了传统的抽样定理,并在非完备数据的重建中展现出巨大的优势。它的数学模型描述如下:

设有长度为 N 的一维信号 x,通过观测矩阵 ϕ($M \times N, M \leqslant N$)将信号投影到低维空间,此时的观测值可表示为

$$y = \phi x \tag{5-7}$$

通常信号 x 本身并不是稀疏的,若存在某稀疏基矩阵 ψ,此时 x 就能被稀疏基矩阵表示为

$$x = \psi s \tag{5-8}$$

式中,ψ 为稀疏基矩阵,s 为稀疏系数。

令 $\Theta = \phi\psi$($M \times N$),Θ 称为传感矩阵。此时观测值能够表示为

$$y = \phi x = \phi\psi s = \Theta s \tag{5-9}$$

此时问题即为,已知观测值 y 和传感矩阵 Θ 的条件下,求解稀疏系数 s,即可恢复原信号 x。但通常情况下,方程组的数量比未知数的数量少得多,方程组没有固定的解,也就不可能重建出信号。但是,因为信号是稀疏的,所以,当上述公式中的 ϕ 满足有限等距特性(restricted isometry property,RIP)时,就可以通过求解下

面的极小化问题来精确地重建(获得一个最佳解)信号:

$$s = \arg \min_{s} \|s\|_1 \quad \text{s.t.} \quad y = \boldsymbol{\Theta}s \tag{5-10}$$

5.2.2　空间约束联合字典学习的重建算法

爆炸场层析成像就是利用已知的测量数据来重建冲击波超压场,由于爆炸环境以及传感器布设区域限制,三维冲击波场重建问题是超欠定问题,无约束的传统重建方法误差大,现有的对于重建过程的约束条件适用于二维重建,不适用于三维重建。结合冲击波超压峰值随空间距离的衰减规律,本书提出了一种空间约束联合字典学习的重建方法,在迭代过程中通过已知的超压-距离条件使不同位置处的解不断更新,逐渐逼近真实值,通常将重建问题转化为目标函数的最小化问题以此来约束解空间[24]。

$$\min_{S,\alpha} \frac{\mu}{2} \|\boldsymbol{AS} - \boldsymbol{T}\|_2^2 \sum_i \|\boldsymbol{S}_{n-i} - \boldsymbol{S}_{n-i+1}\|_0 + \beta \left(\sum_j \|\boldsymbol{E}_j \boldsymbol{S} - \boldsymbol{D}\alpha_j\|_2^2 + \sum_j v_j \|\alpha_j\|_0 \right)$$

$$\tag{5-11}$$

式中,$\boldsymbol{A}$ 为投影矩阵,$\boldsymbol{S}$ 为重建图像,$\boldsymbol{T}$ 为投影数据。第一项为数据的保真项,第二项为空间距离约束项,第三项为字典学习正则项。μ 为保真项系数,λ 和 β 为正则项系数。

求解目标函数(5-11):

步骤1:固定 $\boldsymbol{D}$ 和 α_j,更新重建图像 $\boldsymbol{S}$,目标函数为

$$\min_{S,\alpha} \frac{\mu}{2} \|\boldsymbol{AS} - \boldsymbol{T}\|_2^2 \sum_i \|\boldsymbol{S}_{n-i} - \boldsymbol{S}_{n-i+1}\|_0 + \beta \left(\sum_j \|\boldsymbol{E}_j \boldsymbol{S} - \boldsymbol{D}\alpha_j\|_2^2 \right) \tag{5-12}$$

步骤2:固定 $\boldsymbol{S}$,更新 $\boldsymbol{D}$ 和 α_j,对应的目标函数如下:

$$\min_{D,\alpha_j} \sum_j \|\boldsymbol{E}_j \boldsymbol{S} - \boldsymbol{D}\alpha_j\|_2^2 + \sum_j v_j \|\alpha_j\|_0 \tag{5-13}$$

首先,固定 α_j 更新 $\boldsymbol{D}$,这里采用自适应字典,使用 K-SVD 方法从重建的图像 $\boldsymbol{S}$ 中学习字典。然后,固定 $\boldsymbol{D}$ 更新 α_j,采用正交匹配追踪算法(orthogonal matching pursuit,OMP)来更新稀疏表示系数 α_j。

步骤3:当 $\|\boldsymbol{S}^k - \boldsymbol{S}^{(k-1)}\|_2^2$ 充分小或者达到最大迭代次数 k 时,迭代停止;否则,重复步骤1、2,直至满足条件为止。

5.3　冲击波全时空重建

5.3.1　冲击波超压时空推演模型

当爆炸发生后,冲击波在各测试点的超压峰值会随着距离的增大逐渐降低,同时,在同一测试点处的超压峰值也会随时间下降。因此,冲击波的超压峰值可以表示为一个关于时间和空间的函数。通过建立冲击波超压的时空传播模型,并结合前文中的超压二维分布重建结果,可得到超压峰值随空间位置和时间变化的分布情况,即 $p(x,y,t)$[25-27]。

选择修正的弗里德兰德(Friedlander)方程作为冲击波超压-时间模型,通过求解相关参数来重建冲击波超压峰值的时空分布,该方程为

$$p(x,y,t)=p_0+p_m(x,y)(1-t/\tau_+)e^{-ct/\tau_+} \tag{5-14}$$

式中,p_0 为周围大气压力;$p_m(x,y)$ 为超压峰值二维分布;τ_+ 为正压作用时间;c 为衰减系数。

1. 正压作用时间 τ_+ 的求取

正压作用时间 τ_+ 与距离 r、药量 W 有如下关系:

$$\frac{\tau_+}{\sqrt[3]{W}}=a\left(\frac{r}{\sqrt[3]{W}}\right)^n \tag{5-15}$$

从试验数据提取各测试点处对应的正压作用时间 τ_+,并结合爆心距离 r 和药量 W,通过拟合得到参数 n 和 a,即可确定 τ_+ 的表达式:

$$\tau_+=\begin{cases}0.8556\left(\dfrac{r}{\sqrt[3]{W}}\right)^{0.4833}\sqrt[3]{W}, & 0<r\leqslant 6 \\[3mm] 1.449\left(\dfrac{r}{\sqrt[3]{W}}\right)^{0.4883}\sqrt[3]{W}, & r>6\end{cases} \tag{5-16}$$

2. 衰减系数 c 的求取

式(5-16)可以写成参数 c 的表达式:

$$c=\left(\frac{\tau_+}{t}\right)\left[\ln(p_m(x,y)(\tau_+-t))-\ln(\tau_+(p(x,y,t)-p_0))\right] \tag{5-17}$$

其中,参数 c 的对数($\ln c$)与时间 t 呈线性关系(图 5-2),即

$$kt + m = \ln c \tag{5-18}$$

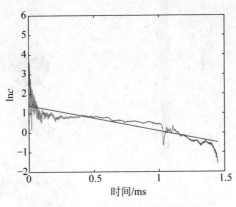

图 5-2　参数 $\ln c$ 随时间变化曲线

采用最小二乘拟合方法,得到参数 k 和 m 并代入式(5-18),得到 $c = \exp(kt+m)$。

5.3.2　三维冲击波超压场时空可视化

炸药在空气中爆炸时,一方面,爆炸形成的初始冲击波在向外传播的过程中,随着传输距离的增加超压峰值不断衰减;另一方面,在冲击波所到点处,随着时间的延长,超压峰值也不断衰减,以致发生振荡。所以,爆炸产生的冲击波是空间爆心距离和时间的函数。冲击波超压峰值反演结果仅反映了冲击波超压峰值随空间位置的分布情况,即 $p_m(x,y)$。对冲击波超压进行时空场层析成像,也就是要得到超压峰值随空间位置和时间的变化情况,即超压的时空分布 $p(x,y,t)$。

由于冲击波超压存在时空数据量大、处理过程复杂等问题,本书使用 NumPy 数据处理工具包配合可视化工具 Matplotlib 库对冲击波超压时空场数据进行可视化,基于 PyCharm 软件,使用 NumPy 将冲击波超压时空场数据进行插值平滑,然后将三维体数据转换为相应的点云数据,使用 Matplotlib 绘制点云图,将冲击波超压时空数据进行精确的三维重建可视化。

可视化过程也就是将现实中的连续数据进行伪彩表征,选取时刻为 0.002s、0.004s、0.006s 和 0.008s 的数据进行可视化(图 5-3),颜色映射选取 jet 格式。冲击波信号在相同时刻的动态范围较大,所以本实验选择 256 个色阶,虽然导致了计算量的增大,但是使得可视化的效果更加平滑,更符合直觉。为更直观地观察冲击波场随时间的变化关系,在不同的时刻,将同一时刻的数据作为一个整体做归一化处理的伪彩映射,具体过程为

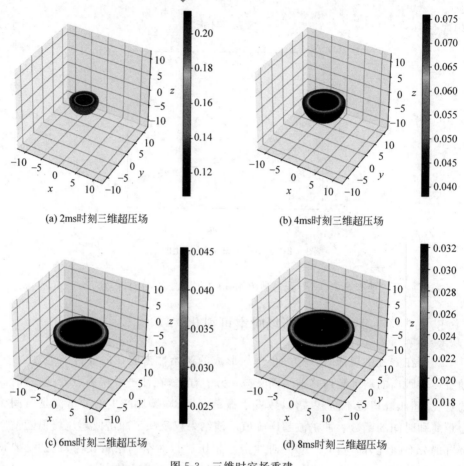

(a) 2ms时刻三维超压场   (b) 4ms时刻三维超压场

(c) 6ms时刻三维超压场   (d) 8ms时刻三维超压场

图 5-3   三维时空场重建

（1）取 0.002s 的冲击波场数据，求出冲击波场数据的最大值与最小值，通过最大值和最小值对冲击波场数据进行归一化处理。

（2）将归一化处理后的数据进行伪彩映射，即将区间 [0,1] 划分出 256 个区间端点，将这些端点与 jet 颜色条进行映射，然后通过点云的方式绘制出单个时刻的冲击波场分布图。

（3）选取时刻 0.004s、0.006s、0.008s 的数据，重复（1）、（2）操作，然后按照先后顺序得到冲击波超压场可视化动态图。

可视化程序流程如图 5-4 所示。

为更直观地展现冲击波场的扩散过程，点云数据分割处理可视化效果如图 5-5 所示。

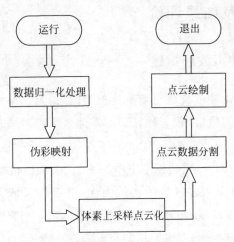

图 5-4　冲击波超压场可视化程序流程

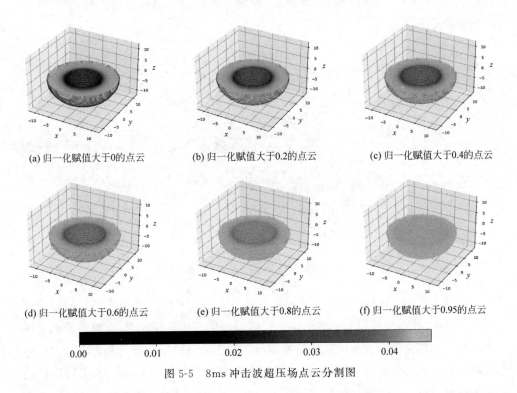

(a) 归一化赋值大于0的点云　　(b) 归一化赋值大于0.2的点云　　(c) 归一化赋值大于0.4的点云

(d) 归一化赋值大于0.6的点云　　(e) 归一化赋值大于0.8的点云　　(f) 归一化赋值大于0.95的点云

图 5-5　8ms 冲击波超压场点云分割图

5.4　仿真实验及结果评价

5.4.1　三维冲击波场重建

为验证本书的三维冲击波超压场重建模型的可行性,采用 4 种算法对两种初始模型进行重建仿真实验,比较 4 种算法的重建效果以及实现三维冲击波重建的可视化。设置大小为 $24m \times 24m \times 12m$ 的矩形区域为重建区域,区域被均匀地划分为 $1m \times 1m \times 1m$ 的网格,重建模型中添加了 7.5% 的随机噪声,爆炸点位置坐标为 $(0,0,0)$,仿真以整个重建区域的 1/4 为例,待重建区域大小为 $12m \times 12m \times 12m$,被划分为 1728 个网格,布设了 36 个传感器(即 36 个测试点)。图 5-6 为传感器布设图,图 5-7 为各射线与三维网格的交点图。在图 5-7 中,共有 36 条不同颜色的点线,每个颜色的点线代表一条射线(即爆炸点到一个测试点的传播路径)与途经网格的交点。

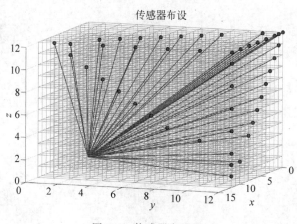

图 5-6　传感器布设图

仿真实验的 TNT 当量为 20kg,初始模型选用 J. Henrych 冲击波超压经验公式,根据冲击波超压峰值与速度的关系将模型转化为冲击波波速,将对冲击波超压场重建问题转化为对冲击波速度场重建问题。迭代终止条件若只是给定迭代次数或修正值与初始值的误差精度,迭代结果会出现局部收敛的情况。本书的迭代终止条件采用修正后的到达时间与初始到达时间的估计误差小于 0.1%,图 5-8 为初始模型。

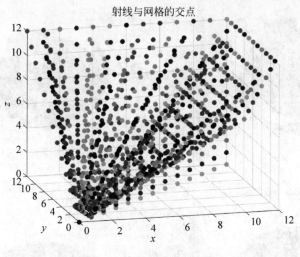

图 5-7 射线与网格交点图

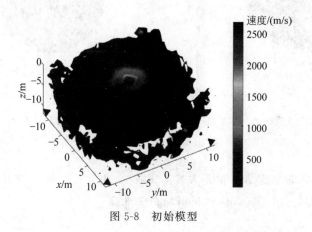

图 5-8 初始模型

采用 ART、SART、EM、SC-DL 这 4 种算法分别迭代 300 次进行反演重建,三维重建结果如图 5-9 所示。

直观来看 4 种算法对于冲击波场重建的效果,ART 与 SART 算法在边缘噪声以及近场区域的重建效果不佳,EM 与 SC-DL 算法的重建效果相近。截取这两种算法在二维平面上的重建结果,如图 5-10 所示,图 5-10(a)为 EM 算法重建结果,图 5-10(b)为 SC-DL 算法的重建结果。

从二维重建结果可以清楚地看出,EM 算法和 SC-DL 算法在边缘噪声抑制以及近场数据重建等方面相差大。由于近场区冲击波干扰大,峰值大,无约束的 EM

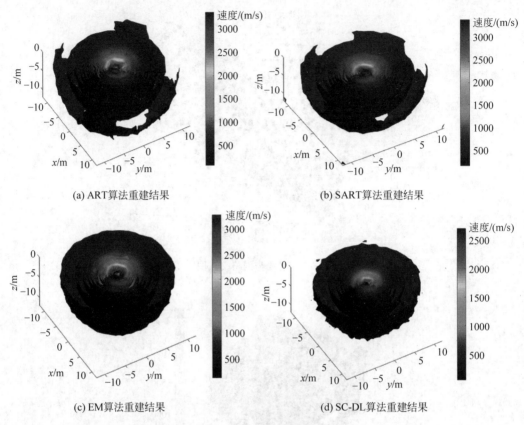

(a) ART算法重建结果　　　　　　　　　(b) SART算法重建结果

(c) EM算法重建结果　　　　　　　　　(d) SC-DL算法重建结果

图 5-9　4 种算法重建结果

算法对于近场区的重建结果误差大。本书提出的 SC-DL 算法较好地解决了这些问题,添加约束后,近场区重建结果更加合理准确。

5.4.2　重建效果评价

为了客观阐述以上 4 种算法对于重建区域的重建精度,本书采用相对误差(RE)和均方根误差(RMSE)作为评价参数。RE 一般用来客观评价算法的重建速度模型与初始速度模型在一个速度重建区域范围内的各网格之间的实际重建的效果,RMSE 一般用来客观评价一个整体区域内的实际重建结果与初始模型结果偏离的程度。值越小,表明重建结果越接近实际情况。RE 和 RMSE 的计算公式如式(5-19)和式(5-20)所示。

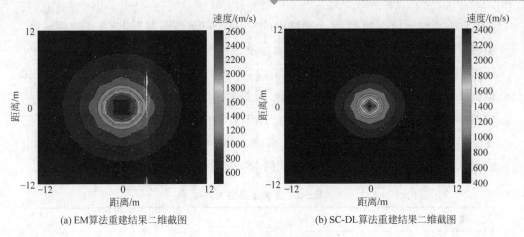

(a) EM算法重建结果二维截图 (b) SC-DL算法重建结果二维截图

图 5-10 两种算法的二维重建结果

$$RE = \frac{|y_j - \hat{y}_j|}{\hat{y}_j} \times 100\% \tag{5-19}$$

$$RMSE = \sqrt{\frac{1}{J} \sum_{j=1}^{J} (y_j - \hat{y}_j)^2} \tag{5-20}$$

式中，y_j 为第 j 个网格重建后的速度值；$\hat{y}_j$ 为第 j 个网格理论上的速度值；J 为重建区域的总网格数。

图 5-11 为 ART 算法、SART 算法、EM 算法和 SC-DL 算法重建后的速度与初

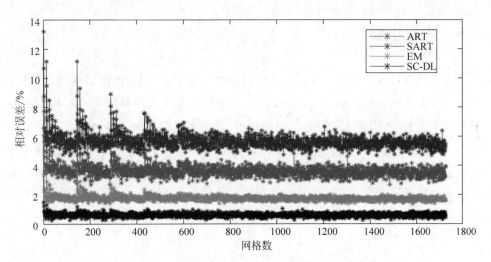

图 5-11 不同算法在每个网格内速度的相对误差曲线

始速度在重建区域内的 1728 个网格中的相对误差,可以明显看出,在重建区域内,相对误差曲线呈周期性衰减,究其原因是重建网格的划分是逐层排序共计 12 层。从图 5-11 中可看出曲线衰减大致分为 12 段,爆炸冲击波场在近场区超压峰值变化极快,与远场相比,重建误差大,因此,误差曲线呈分段衰减的趋势。SC-DL 算法的相对误差基本能保持在 1% 左右,与 ART 算法相比,降低了 3% 左右;与 SART 算法相比,降低了 4.5% 左右;与 EM 算法相比,降低了 1% 左右。进一步用 RMSE 作为重建后整体误差,4 种算法的 RMSE 如表 5-2 所示。

表 5-2　重建结果的 RMSE

重建算法	ART	SART	EM	SC-DL
RMSE/(m/s)	32.8	51.4	18.79	9.85

已知重建区域整体的速度范围在 400~3000m/s,由表 5-2 可知,4 种算法整体的速度场重建的总误差依次为 32.8m/s、51.4m/s、18.79m/s、9.85m/s,即本书提出的 SC-DL 算法的整体重建效果显著优于其他三种算法。通过综合分析 RE 和 RMSE,可以证明本书提出的方法在区域重建方面更具优势。从数据整体重建的效果来看,SC-DL 算法所获得的结果与真实的模型误差小,三维重建的误差小于 EM 算法。综合分析,在三维超压场重建模型的实际开发应用层面上,SC-DL 算法获得的三维重建模型效果最优。

5.5　本章小结

本章针对稀疏测试点下冲击波超压场重建的需求,采用走时层析成像的方法,对三维冲击波场重建方法进行研究,提出了空间约束联合字典学习(SC-DL)的冲击波场重建方法,构建了三维走时重建模型,并利用压缩感知在稀疏矩阵求解中的优势,将冲击波超压峰值随距离衰减的规律作为约束条件,建立了 SC-DL 的冲击波场重建算法,以提高三维场重建精度;最后根据超压-时间模型完成冲击波场全时空推演。

第 6 章

瞬态声场成像及智能识别方法

本章介绍了多声源目标识别与成像方法,提出了两种声源识别网络轻量化方法,通过迁移学习的方式减少深度神经网络对数据集的依赖,提升模型的鲁棒性,利用知识蒸馏减小模型的复杂度,降低模型训练成本,提升声源识别速度。同时分析了声场优化布设方法,提高了特殊环境下声源识别精度。

6.1 基于迁移学习的小样本条件下声源识别方法

在特种声源信号分类识别中,由于真实样本量小、网络模型大,造成识别率不高。针对这些问题,本书提出了一种基于迁移学习的小样本条件下声源识别方法,通过多尺度频谱位移操作寻找不同类型声源的内在频谱联系,提升模型的特征提取能力,利用迁移学习的方式提升模型的鲁棒性,保证它在差异性较大的样本中仍具备一定的识别能力。

图 6-1 为基于迁移学习的小样本条件下声源识别方法总体方案[28],首先将多尺度频谱位移密集神经网络在大型模拟声音数据集中进行预训练,培养模型在声源谱图上的特征提取能力,然后再冻结模型负责特征提取的卷积层,添加新的全连接层覆盖已经训练好的全连接层,保证模型适应数据集的类别输出,并在声源数据集中对新的全连接层进行训练,最终使模型在声源数据集中获得良好的识别效果。

6.1.1 多尺度频谱位移密集神经网络

常规的卷积操作是在局部感受野下提取有效的时频特征,然后通过非线性激活函数和下采样实现全局特征的挖掘,下采样操作会造成有用信息的丢失。为了减少信息的丢失,频谱图中会设置较小的频谱宽度,在下采样过程中,只在时间轴上进行下采样,保留频率轴上的全部信息。但利用卷积核的感受野只能提取相邻

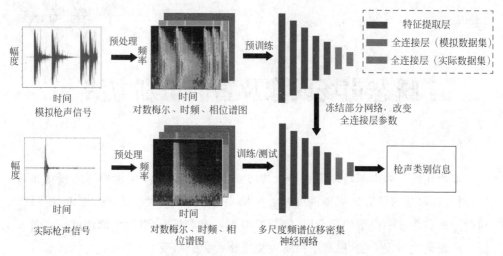

图 6-1　基于迁移学习的小样本条件下声源识别方法总体方案示意图

频谱的局部信息,因此需要通过多尺度频谱位移的方式帮助模型提取距离较远的全局频谱信息,进一步挖掘新的有用特征。

多尺度频谱位移密集神经网络通过端到端的学习方式,实现从对数梅尔谱图等谱图特征到对应声源识别的直接映射,其结构如图 6-2 所示。该网络由两个卷积层、五个频谱位移密集模块以及两层全连接层组成,每个卷积层包含一个二维卷积操作、一个批量正则化层(BN 层)和激活函数(ReLU)[29]。执行声源识别任务时,声源对数梅尔谱图、时频谱、相位谱特征首先将进入一个卷积层提取浅层特征图,并将获得的浅层特征图输入五层串联的多尺度频谱位移密集模块中深度挖掘时频特征,再经过一个卷积层提取高维特征后利用两层全连接层映射为声源类别的概率矩阵。

本书提出的多尺度频谱位移密集模块如图 6-3 所示。浅层特征图输入到两路,上面主路是两个卷积层,提取相邻频谱之间的局部特征,且第一层卷积的时间步长设为 2,进行时间上的下采样;下面的支路是两个卷积层和一个多尺度频谱位移模块,先经过第一个卷积层(时间步长设为 2),然后通过多尺度频谱位移模块,实现频谱之间的位置变化,再通过卷积提取其他相邻频谱之间的信息;最后上下两路的信息通过密集连接的方式,实现不同频谱信息融合。

多尺度频谱位移操作负责挖掘声源不同频谱之间的有用信息,其操作方式如图 6-4 所示。为了显示简单易于理解,图中只显示了频谱和特征通道,不同的频谱

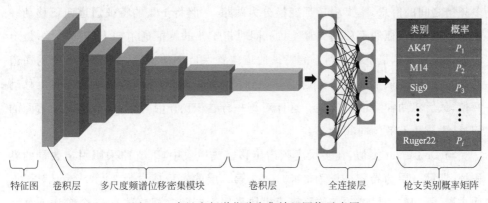

图 6-2 多尺度频谱位移密集神经网络示意图

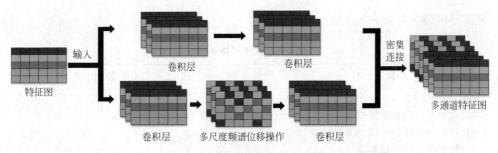

图 6-3 多尺度频谱位移密集模块

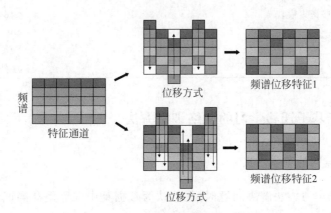

图 6-4 多尺度频谱位移操作示意图

特征在每一行用不同的颜色表示。传统的二维卷积操作在不同的信道间进行,即沿着每一行单独进行操作,这样只能提取相邻频谱之间的信息。为了能够挖掘更多频谱之间的信息,本书将特征变换分为两路,一路将 1/4 的特征通道向下移动一位,最下面的特征通道移动到最上面;同时将 1/4 的特征通道向上移动一位,最上面的特征移动到最下面;剩下的特征通道位置保持不动。另一路保持不变的通道向下移动两位,最下面的特征通道移动到最上面;同时另外的特征通道向上移动两位,最后将两种特征图拼接。这样对每一行卷积操作时,能够提取不同频谱间的信息,生成更有效的时频特征。

与 DenseNet 类似,在多尺度频谱位移密集模块中,下支路采用固定数量的卷积核,即第一层的卷积核设为 $3\times3\times24$,第二层的卷积核设为 $3\times3\times24$。对于上面主路,不同的多尺度频谱位移密集模块采用不同的卷积核数量,5 个频谱位移密集模块的卷积核依次为 $3\times3\times24$、$3\times3\times48$、$3\times3\times96$、$3\times3\times192$ 和 $3\times3\times384$。整体的网络参数如表 6-1 所示。

表 6-1　整体网络参数

操　　　作	卷　积　核	输　出　尺　寸
卷积层 1	$3\times3\times24$	$40\times256\times24$
多尺度频谱位移密集模块 1	$3\times3\times24$	$40\times128\times48$
多尺度频谱位移密集模块 2	$3\times3\times48$	$40\times64\times72$
多尺度频谱位移密集模块 3	$3\times3\times96$	$40\times32\times120$
多尺度频谱位移密集模块 4	$3\times3\times192$	$40\times16\times216$
多尺度频谱位移密集模块 5	$3\times3\times384$	$40\times16\times408$
卷积层 2	$3\times3\times768$	$40\times16\times768$
全连接层 1	—	1024
全连接层 2	—	类别数

6.1.2　基于迁移学习的网络训练方法

1. 迁移学习的基本定义

使用机器学习方法解决问题时,往往认为数据集中训练集和测试集的分布是近乎一致的,在训练集上训练模型,在测试集上测试模型性能。然而,实际情况下模型测试环境并不可控,不同的环境导致训练集与测试集分布的差异性较大,导致模型在测试集中的表现较差;同一个数据集下的训练集与测试集的分布也不尽相同,尤其在少量数据训练模型的条件下,很容易导致模型过分拟合训练集,鲁棒性较差,在测试集中表现不理想。

迁移学习是一种针对小数量训练样本条件下的模型训练方法,当目标数据集数据或标签很难获取时,可以通过其他容易获取的相似数据集替代,通过模型新旧知识迁移的方式缓解训练样本不足导致的模型过拟合现象。这种训练方式可以减少模型从头训练的高昂代价,提升样本的泛化能力。其原理是从一个(或者多个)源域任务中提取相关的知识或能力,并将这些能力应用于目标域中。迁移学习本质上就是通过源域与目标域之间的相关性帮助模型获得举一反三的能力[30]。迁移学习有以下定义:

域(domain):迁移学习的域由数据空间 X 和数据的边缘概率分布 $P(X)$ 两部分组成,即域 $D=\{X,P(X)\}$。这个域包括源域和目标域,源域是模型初始训练时的数据集及其概率分布,一般采用 D_s 表示;目标域是模型最终迁移到的数据集及其概率分布,一般用 D_t 表示。一般情况下源域的数据集样本量更大,使模型在初次学习中获得足够的特征提取能力,保证它在小样本条件下目标域训练中的表现良好。

任务(task):迁移学习的任务由目标预测函数 $f(x)$ 和标签空间 Y 组成,任务 $T=\{Y,f(x)\}$, $f(x)$ 可以表示为 $f(x)=p(y|x)$,是模型通过大量数据训练获得的能力,即给定数据 x 的条件下输出为 y 的可能性,其中 y 为所有标签的集合。

迁移学习:给定源域 D_s 和源域任务 T_s,目标域 D_t 和目标域任务 T_t,迁移学习就是充分利用源域 D_s 和任务 T_s 中的知识帮助模型提升在目标域 D_t 中的预测函数 $f(x)$。迁移学习根据其迁移方式可以分为基于实例的迁移学习、基于特征的迁移学习、基于模型的迁移学习等。

1) 基于实例的迁移学习方法

基于实例的迁移学习方法要求源域中存在对目标域训练有用的实例,这些实例具有与目标域样本相近的特征,即源域与目标域存在交叠的特征,如图6-5所示。在这种迁移学习方式中,需要对源域样本中与目标域样本相近的实例进行权重分配,尽可能地修正源域的样本分布,使其接近目标域的实例分布,从而提升模型在源域中训练的效果,并在目标域中建立一个精度更高、更可靠的分类模型。这种迁移学习方法较简单,易于实现,但是由于源域与目标域样本的分布无法完全一致,所以与目标域样本相近的实例不一定都对模型有提升作用,且对于与目标域样本相近的实例的划分严重依赖经验,实例的划分方式决定了迁移学习的效果。

图 6-5　基于实例的迁移学习方法示意图

2) 基于特征的迁移学习方法

　　基于特征的迁移学习方法主要应用于一些样本分布差距较大的源域和目标域中,其核心思想在于寻找源域与目标域在某个特征空间下存在的相同特征表示,利用这些特征进行知识迁移,如图 6-6 所示。这种迁移学习方法对大多数方法适用,效果较好,原因在于在绝大多数情况下,源域与目标域受收集环境、硬件噪声等因素影响,即使相同类别的样本分布也存在一定的差异,因此源域与目标域难以重叠。但是这种迁移方式也存在难以求解、易发生过适配等问题。

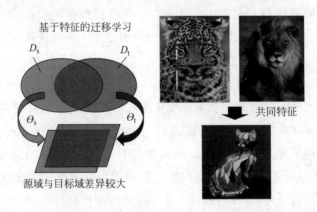

图 6-6　基于特征的迁移学习方法示意图

3) 基于模型的迁移学习方法

　　基于模型的迁移学习方法认为源域与目标域在模型层次上共享部分通用知

识,如图 6-7 所示,将需要迁移的知识建立在模型参数、建构层次上,利用源域中大量的数据训练模型并应用于目标域上,如模型微调、注意力迁移等方法。这种方法相对直接,可以充分利用模型之间的相似性,在深度神经网络中应用较为广泛。

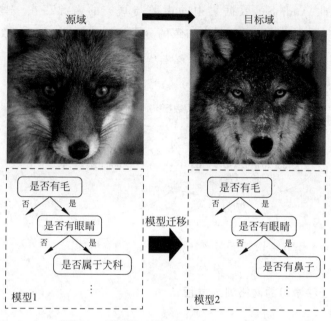

图 6-7　基于模型的迁移学习方法示意图

2. 源域与目标域数据集选择

迁移学习的核心在于寻找与目标域相似度高的源域数据集,源域数据集的选择至关重要,是迁移学习能否实现模型性能提高的关键要素。为避免知识迁移后效果较差,需要源域 D_s 的数据样本数量足够多,范围足够大,能够包含目标域 D_s 的分布范围。由于声源的特殊性,获取巨量的声源样本数据集并不可行。而生活中的其他声音在时频谱图上与声源表现具有一定的相似性,因此可采用其他相似的大型声数据集代替声源数据集进行模型初始化。本书选取 AudioSet 数据集作为源域训练网络模型的初始化参数。AudioSet 数据集是谷歌公司于 2017 年 3 月开放的音频数据集,被认为是音频领域的 ImageNet 数据集,共包含约 210 万个人工标注过的 10s 音频片段,标注为 527 个声音类别,涵盖了广泛的声源,如人声、动物叫声、乐器声以及日常的环境声等,总时长约 6000h,其中与声源有关的、由枪械发出声源的数据共计 4221 个。这些声源很大一部分是从游戏音效中获得,或是枪械类视频博主近距离拍摄的,在上传网站时音效进行了后期处理,部分声源有信号缺失。同时每段音频样本均经过作者的人为筛选,保证很少掺杂不相关的音频信号或噪声,因此 AudioSet 数据集中的声源与真实的声源存在一些差距,同时 AudioSet 数据集中并没有对声源作细致的分类标注。但 AudioSet 数据集因其巨量的样本分布仍然可以保证模型在其数据集上初始化获益。源域数据集、目标域数据集关系如图 6-8 所示。

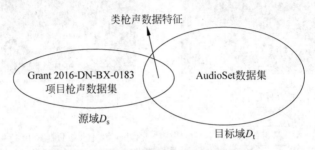

图 6-8　源域数据集、目标域数据集关系

3. 基于迁移学习的网络训练过程

本书采用基于模型的迁移学习方式,网络训练过程如下: 首先将多尺度频谱位移密集神经网络模型在 AudioSet 数据集上训练,网络的损失函数采用交叉熵,优化器使用 SGD,Batchsize 参数设置为 128,初始学习率设为 1,迭代 100 000 轮,获得初始化模型参数;然后去除模型后端的全连接层,替换为新的全连接层,输出类别由 527 变为 18,并在 Grant 2016-DN-BX-0183 项目声源数据集上训练。训练期间,冻结除全连接层外的所有模型参数,使它们在新数据集迭代时不再更新,只改变新的全连接层参数,网络的损失函数同样采用交叉熵,优化器使用 SGD,Batchsize 参数设置为 64,初始学习率设为 0.1,在 120、150 轮时将学习率降低至原来的 10%,数据增强选用 Mixup 数据样本混合方式进行,并采用 5 折交叉验证的方式在 Grant 2016-DN-BX-0183 项目声源数据集上评估模型训练的性能。整体网络将 Pytorch 作为后端,在 Quardro RTX 6000 GPU 上完成数据集的训练验证。

6.1.3　实验结果及分析

通过上述的网络训练过程,得到了多尺度频谱位移密集神经网络模型以及产生了 86MB 大小的权重参数，训练过程中的精确度、损失值曲线如图 6-9 所示。

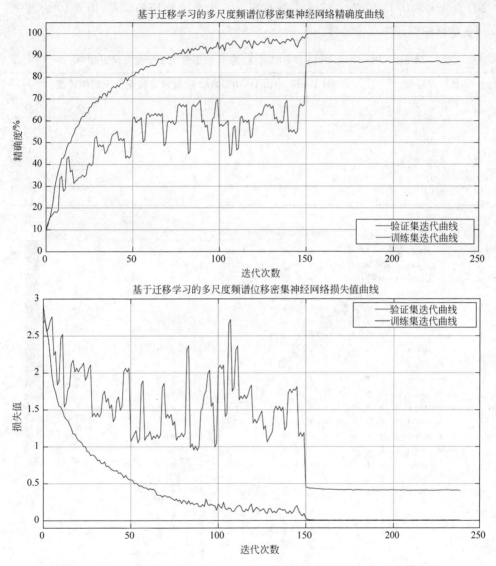

图 6-9　NIJ Grant 2016-DN-BX-0183 项目数据集下训练精确度、损失值曲线

　　本书采用 5 折交叉验证的方式获取多尺度频谱位移密集神经网络模型在 NIJ Grant 2016-DN-BX-0183 项目数据集下的最终识别结果，5 折交叉验证的过程如下：将 NIJ Grant 2016-DN-BX-0183 项目数据集按顺序排列并划分为 5 部分，采用其中 4 部分训练，其余一部分验证，得出验证集精确度数据。经过 5 次不同的验证

集评估识别精确度并取平均值即可得到最终的声源识别精确度。表 6-2 显示了 NIJ Grant 2016-DN-BX-0183 项目数据集上 5 折交叉验证的结果，图 6-10 为其中一折数据的验证集混淆矩阵。

表 6-2　NIJ Grant 2016-DN-BX-0183 项目数据集上 5 折交叉验证结果

5 折交叉验证	NIJ Grant 2016-DN-BX-0183 项目声源数据集识别精确度
1 折	81.1%
2 折	92.3%
3 折	85.4%
4 折	82.9%
5 折	94.8%
平均	87.3%

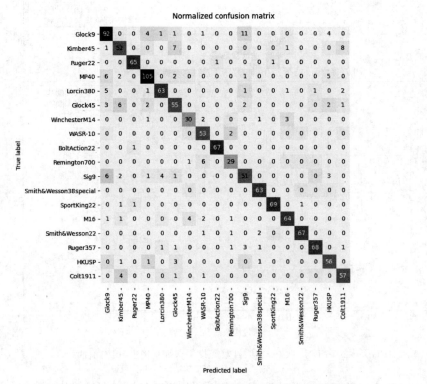

图 6-10　某一折数据的验证集混淆矩阵

为了直观展示基于迁移学习的多尺度频谱位移密集神经网络在 NIJ Grant 2016-DN-BX-0183 项目数据集上的分类能力，本书抽取了多尺度频谱位移密集神经网络在全连接层前的特征输出,并使用 t-SNE 算法将这些高维特征降维至二维、三维可视化显示。图 6-11、图 6-12 为多尺度频谱位移密集神经网络特征降维后的聚类显示。

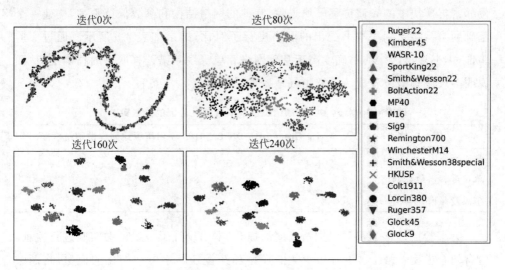

图 6-11 多尺度频谱位移密集神经网络特征二维聚类显示

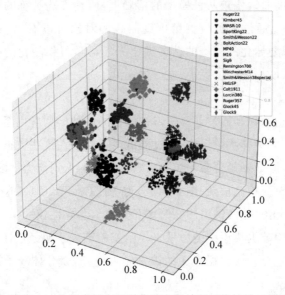

图 6-12 迭代 240 轮后多尺度频谱位移密集神经网络特征三维聚类显示

　　为了更好地体现多尺度频谱位移密集模块在声源识别任务中的有效性，本书设计了一组消融实验进行验证对比：一个将多尺度频谱位移密集模块中的频谱位移模块变为单尺度频谱位移（仅有一路特征变换方式）；另一个把每个多尺度频谱位移密集模块中的频谱位移模块去除，其他的网络结构和参数保持不变，构建一个基础网络。将它们与本书提出的网络进行了对比，结果如表 6-3 所示。通过实验验证，本书提出网络的精确度高于基础网络和单尺度频谱位移网络的精确度，从而说明多尺度频谱位移模块能够更好地挖掘时频信息。

表 6-3　针对多尺度频谱位移模块有效性验证的消融实验

网　　络	NIJ Grant 2016-DN-BX-0183 项目声源数据集识别精确度
基础网络	79.6%
单尺度频谱位移网络	81.5%
多尺度频谱位移网络	87.3%

　　为了验证迁移学习对识别精确度的提升，本书设计了一组消融实验进行验证，包含两个模型：无迁移学习初始化的模型和经过迁移学习初始化的模型，将两个模型直接在 NIJ Grant 2016-DN-BX-0183 项目数据集上直接训练并验证，通过训练中验证集精确度曲线比较两种模型的精确度，两种方法训练的验证集精确度曲线如图 6-13 所示。通过两种模型精确度曲线的对比可以看出，在声源识别任务中，经过迁移学习初始化的模型的精确度比无迁移学习初始化的模型的精确度更高，在训练中精确度振荡幅度更小，充分体现出了通过迁移学习可以提升模型的识别能力。

　　本书将直接初始化和通过迁移学习初始化的两种模型应用至手机录制的 4 种模拟声源音频共 40 个样本数据中，通过测试两种模型在这些数据样本上的识别性能，比较它们在与原数据集分布差异较大数据集中的识别能力。图 6-14(a) 为其中一段音频信号的对数梅尔谱图，图 6-14(b) 为 NIJ Grant 2016-DN-BX-0183 项目数据集的对数梅尔谱图，这两种谱图在时域和频域上差异性较大。

　　两种模型的跨数据集识别能力见表 6-4，实验结果表明经过迁移学习的模型在与原数据集分布差异较大数据集中的识别能力更高，充分体现了迁移学习对于模型鲁棒性的提升。

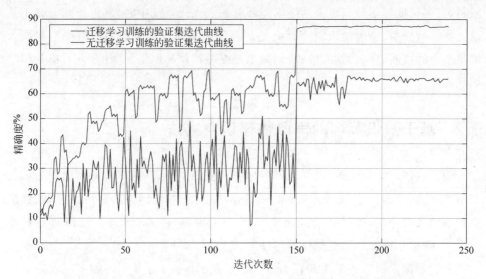

图 6-13 有/无迁移学习训练方法消融实验的验证集精确度曲线

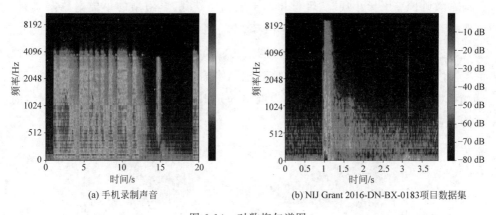

(a) 手机录制声音   (b) NIJ Grant 2016-DN-BX-0183项目数据集

图 6-14 对数梅尔谱图

表 6-4 迁移学习在差异性较大样本中有效性验证的消融实验数据

初始化参数方式	手机录制数据的识别精确度
直接初始化	21.1%
迁移学习	51.6%

基于迁移学习的多尺度频谱位移声源识别方法解决了模型在小样本条件下的过拟合问题,实现了模型在小样本条件下准确识别声源类型。然而大小为 86MB 的多尺度频谱位移网络模型算力要求较高,由于嵌入式系统受供电、散热、体积等

限制,当多尺度频谱位移声源网络模型部署在嵌入式系统中时,其运算能力并不足以支持模型快速、精确地识别声源类型。因此为了减少声源识别网络模型在嵌入式系统中的推断时间,需要进一步削减多尺度频谱位移网络模型的大小,提升模型识别速度。

6.2　基于知识蒸馏的声源快速识别方法

知识蒸馏算法属于神经网络压缩、加速算法的一种,不同于模型压缩中的剪枝和量化,知识蒸馏构建了一个全新的轻量化小模型(学生网络),利用更复杂、性能更出众的大模型(教师网络)的输出监督小模型训练,将大模型上的知识迁移到小模型中,帮助小模型取得更加优秀的性能。

知识蒸馏学习方式如图 6-15 所示,网络部分由基于迁移学习的多尺度频谱位移声源网络模型(教师网络)和学生网络两种网络组成。训练过程中,利用已经训练好的教师网络引导小规模、轻量化的学生网络迭代,学习新的小样本数据集,从教师网络中"蒸馏"出的声源分类软化标签与学生网络的软化标签形成蒸馏损失,通过蒸馏损失帮助学生网络拟合教师网络的输出;同时将学生网络输出的类别预测与真实标签比较,形成学生损失,使学生网络输出尽可能地靠近真实声源类型。蒸馏损失和学生损失共同作用于学生网络的知识蒸馏学习中,提高了学生网络的声源类型识别能力。

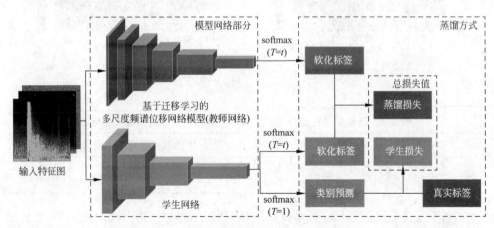

图 6-15　知识蒸馏网络总体设计方案

1. 多尺度频谱位移教师网络设计

本书将迁移学习中的多尺度频谱位移密集神经网络作为教师网络,直接采用在迁移学习中源域(AudioSet 数据集)训练后的权重参数。

2. 轻量化学生网络设计

学生网络具体结构如图 6-16 所示,整体网络模型由一层卷积层、两个深度可分离卷积模块、四个多尺度频谱位移密集连接模块、一个多尺度频谱位移模块和两层全连接层构成。多谱图特征首先经过卷积层提升特征维度,通过深度可分离卷积模块提取浅层特征,然后通过四层串联的多尺度频谱位移密集连接模块和一层多尺度频谱位移模块挖掘有效的时频特征,并利用深度可分离卷积模块提取高维特征,最终经过两层全连接层映射为声源类别的概率矩阵。

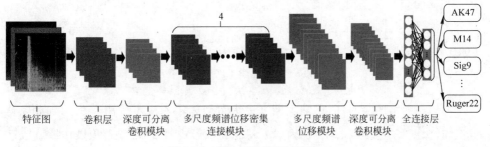

图 6-16　学生网络结构示意图

学生网络结构主要由深度可分离卷积模块、多尺度频谱位移模块和多尺度频谱位移密集连接模块组成,图 6-17 为这些模块的结构示意图。其中,深度可分离卷积模块是一种残差结构,主要用于替代常规卷积操作,为节省计算开支,模型右支路采用逐点卷积、逐通道卷积、逐点卷积堆叠提取特征,并与左支路直接相加输出提取后的特征。多尺度频谱位移模块与深度可分离卷积模块相似,其左支路上增加了一个多尺度频谱位移操作,通过不断变换相邻频谱的位置挖掘更多频谱之间的信息,具体操作方式见 6.1.1 节,本节不再赘述。在多尺度频谱位移模块左支路添加平均池化层,并将两支路从相加改成密集连接即可得到多尺度频谱位移密集连接模块,这种模块的主要目的在于以最小的计算代价扩大信道维数,提升特征维度,产生高维特征。

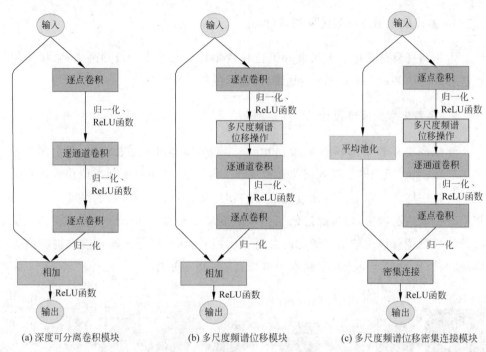

(a) 深度可分离卷积模块　　(b) 多尺度频谱位移模块　　(c) 多尺度频谱位移密集连接模块

图 6-17　轻量化学生网络组成单元

为提高网络的实时性,在学生网络中大量引入了深度可分离卷积。与常规卷积不同,深度可分离卷积是一种因式分解的卷积形式,它将常规卷积操作拆分成逐通道卷积和逐点卷积两步。逐通道卷积方式如图 6-18 所示,每层网络的卷积核数量与上一层的通道数相同,每一个卷积核负责特征图的一个通道,经过逐通道卷积后会改变特征图的大小,保持上一层的通道数。对于大小为 $H \times W$ 的 N 通道输入特征,利用大小为 M 的卷积核逐通道卷积,每个通道输出为 $H \times W$,共 N 个通道,即输出 $H \times W \times N$ 大小的特征。与常规卷积相比,逐通道卷积核参数量为 $M \times M \times N$,远远小于常规卷积的 $N \times M \times M \times N_0$。由于提取特征时各个通道相互独立,没有进行通道间的特征融合,逐通道卷积的总计算量为

$$F_d = N \times H \times W \times M \times M \qquad (6\text{-}1)$$

逐点卷积方式如图 6-19 所示,每层网络的每个通道卷积核大小为 1×1,通过逐点卷积操作后,特征图仅改变通道数量,保持了特征图的大小。对于大小为 $H \times W$ 的 N 通道输入特征,经过 N_0 个通道的 1×1 卷积核处理后,输出特征为

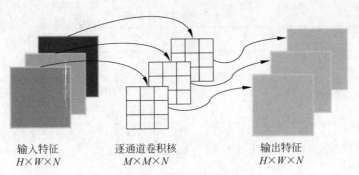

输入特征　　　逐通道卷积核　　　输出特征
$H \times W \times N$　　　$M \times M \times N$　　　$H \times W \times N$

图 6-18　逐通道卷积操作示意图

$H \times W \times N_0$,逐点卷积的总计算量为

$$F_1 = N_0 \times H \times W \times 1 \times 1 \tag{6-2}$$

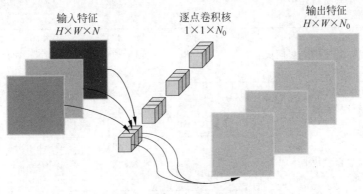

输入特征　　　逐点卷积核　　　输出特征
$H \times W \times N$　　　$1 \times 1 \times N_0$　　　$H \times W \times N_0$

图 6-19　逐点卷积操作示意图

常规卷积的总计算量为

$$F_s = N \times N_0 \times H \times W \times M \times M \tag{6-3}$$

深度可分离卷积计算量 $F_d + F_1$ 与常规卷积计算量 F_s 之比为

$$r = \frac{F_d + F_1}{F_s} \approx \frac{1}{N} \tag{6-4}$$

通过上述对于逐通道卷积和逐点卷积计算量的分析可以发现,深度可分离卷积代替常规卷积操作极大地减小了计算复杂度,加快了模型的推理速度。整体网络参数设置如表 6-5 所示。

表 6-5　整体网络参数

操　　作	卷 积 核	输 出 尺 寸
卷积层	$3\times3\times24$	$40\times256\times24$
深度可分离卷积模块 1	$1\times1\times24$	$40\times256\times24$
	$3\times3\times24$	$40\times256\times24$
	$1\times1\times24$	$40\times256\times24$
多尺度频谱位移密集连接模块 1	$1\times1\times48$	$40\times256\times48$
	$3\times3\times48$	$40\times128\times48$
	$1\times1\times48$	$40\times128\times48$
多尺度频谱位移密集连接模块 2	$1\times1\times96$	$40\times128\times96$
	$3\times3\times96$	$40\times64\times96$
	$1\times1\times96$	$40\times64\times96$
多尺度频谱位移密集连接模块 3	$1\times1\times192$	$40\times32\times192$
	$3\times3\times192$	$40\times16\times192$
	$1\times1\times192$	$40\times16\times192$
多尺度频谱位移密集连接模块 4	$1\times1\times384$	$40\times16\times384$
	$3\times3\times384$	$40\times8\times384$
	$1\times1\times384$	$40\times8\times384$
多尺度频谱位移模块	$1\times1\times384$	$40\times8\times384$
	$3\times3\times384$	$40\times8\times384$
	$1\times1\times384$	$40\times8\times384$
深度可分离卷积模块 2	$1\times1\times384$	$40\times8\times384$
	$3\times3\times384$	$40\times8\times384$
	$1\times1\times384$	$40\times8\times384$
全连接层 1	—	1024
全连接层 2	—	类别数

3. 标签软化

在常规深度神经网络中,模型输出的类别概率矩阵经过 softmax 函数(见式(6-5))处理后,输出的概率分布熵相对较小时,负标签的值都很接近 0,这样会与真实标签的独热编码更匹配,识别效率更高。

$$q_i = \frac{\exp(z_i)}{\sum_{j=1}^{n} \exp(z_j)} \tag{6-5}$$

式中,z 为输入矩阵,q 为映射结果。

　　然而 softmax 函数会将输出的概率分布更集中,集中式概率输出的信息熵很低,原因在于除正确类别之外,错误类别也带有大量的信息,例如某些负标签对应的概率远远大于其他负标签,可能是与正标签更相近,具有共同的特征。softmax 函数将概率分布集中后,负标签都被统一丢弃,导致丢失一些重要的特征。以声源为例,声源对于其他声音来说持续时间短,识别难度大,例如在图 6-20 未进行 softmax 映射的概率输出中,Ruger22 类型声源的声音概率明显高于其他声源,这可能是由于 Ruger22 与正确类别的 BoltAction22 更相似,存在一定相似度的特征信息,如同为步枪、发射相同口径的子弹等,这些相似的特征中含有大量的信息熵,可以帮助学生网络获得更丰富的知识。

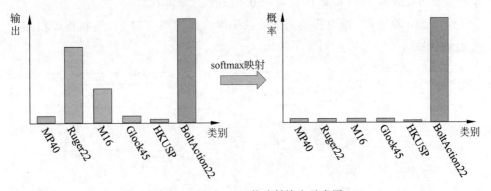

图 6-20　softmax 函数映射输出示意图

　　在知识蒸馏中,教师网络需要为学生网络提供丰富的蒸馏信息,因此需要对 softmax 函数进行改造,软化输出标签,提升负标签的信息熵。知识蒸馏提出了一个 softmax 的泛化版本 softmax-T,通过用输入矩阵除以温度 T 使 softmax-T 的分布更平滑,如式(6-6):

$$q_i = \frac{\exp\left(\dfrac{z_i}{T}\right)}{\sum_{j=1}^{n} \exp\left(\dfrac{z_j}{T}\right)} \tag{6-6}$$

式中,T 为软化的温度。T 越高,softmax-T 的输出概率分布越趋于平滑,分布的熵越大,负标签携带的信息会被相对放大,模型训练将更加关注负标签。

6.3 实验结果及分析

6.3.1 实验设计

本书采用 PyTorch 搭建深度学习环境,用两个 1080Ti GPU,结合并行计算架构 CUDA 对整个训练过程进行加速。训练过程中一次取 128 批次样本训练,将 NIJ Grant 声源数据集进行数据增强(随机裁剪等)后输入网络模型中,优化器使用 SGD,学习率初始取 0.1,在迭代 120 次和 150 次后降低学习率至原来的 10%,损失函数采用交叉熵,softmax-T 中 T 取 0.5,共迭代 240 次。

经过 240 轮迭代,知识蒸馏网络的精确度曲线如图 6-21 所示,权重模型缩减为 3.5MB。

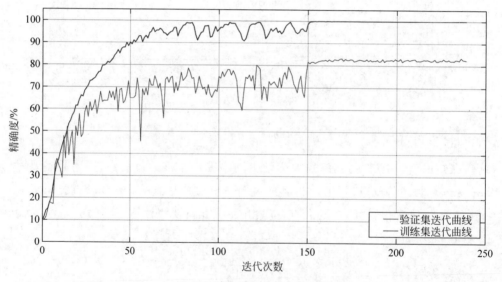

图 6-21　知识蒸馏网络训练集和验证集精确度

本书采用 5 折交叉验证的方式获取基于知识蒸馏的声源识别网络在 NIJ Grant 2016-DN-BX-0183 项目数据集下的最终识别结果。表 6-6 显示了 5 折交叉验证中每一折的精确度,图 6-22 为其中一折数据的验证集混淆矩阵。

表 6-6　NIJ Grant 2016-DN-BX-0183 项目数据集上 5 折交叉验证结果

5 折交叉验证	NIJ Grant 2016-DN-BX-0183 项目声源数据集精确度
1 折	82.1%
2 折	87.3%
3 折	84.4%
4 折	79.9%
5 折	84.3%
平均	83.6%

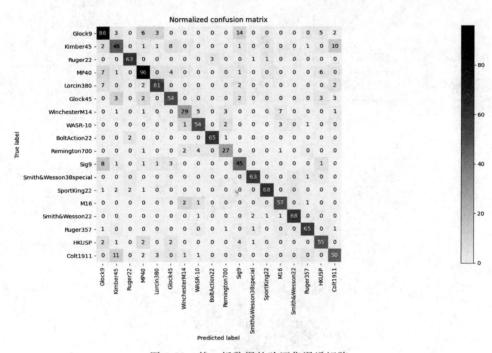

图 6-22　某一折数据的验证集混淆矩阵

　　为了直观展示基于知识蒸馏的声源识别网络在 NIJ Grant 2016-DN-BX-0183 项目数据集上的分类能力,本书抽取了学生网络在全连接层前的特征输出,并使用 t-SNE 算法将这些高维特征降维至二维、三维可视化显示。图 6-23、图 6-24 为学生网络特征降维后的聚类显示。

6.3.2　消融实验

　　为了证明知识蒸馏网络模型的优越性,本书设计了一组消融实验进行对比,将

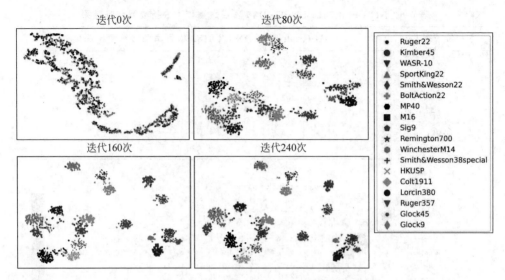

图 6-23　学生网络输出特征二维聚类显示

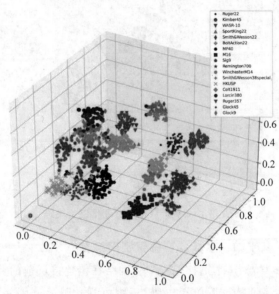

图 6-24　迭代 240 轮后学生网络输出特征三维聚类显示

基于迁移学习的多尺度频谱位移密集神经网络(教师网络)、单一学生网络和知识蒸馏训练后的学生网络直接在 NIJ Grant 2016-DN-BX-0183 项目声源数据集上训练测试,三种模型训练结果见图 6-25。

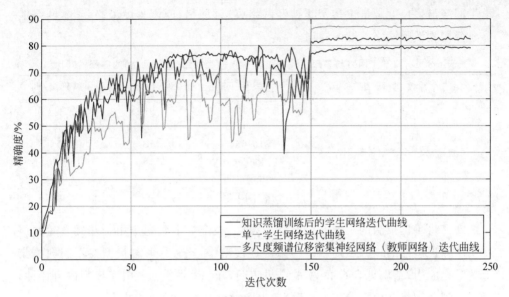

图 6-25　三种模型验证集迭代曲线

表 6-7 比较了这三种模型的声源识别能力、模型大小以及推断速度（在 i7-10750H CPU 设备中识别一种声源谱图所耗时间）。通过这组消融实验可以看出，与迁移学习相比，知识蒸馏网络在保持网络模型识别能力的同时减小了模型大小，提升了模型推断速度。

表 6-7　三种模型的声源识别能力、模型大小以及推断速度对比实验

网 络 模 型	模型大小	识别精确度	推 断 速 度
多尺度频谱位移密集神经网络（教师网络）	86MB	87.5%	4.1s
单一学生网络	3.5MB	79.6%	0.2s
知识蒸馏训练后的学生网络	3.5MB	83.6%	0.2s

教师网络与学生网络之间存在一定的适配性，不同模型对于教师网络蒸馏知识的敏感程度不同。为了体现本书设计的学生网络与多尺度频谱位移密集神经网络（教师网络）的匹配性，本书进行了不同的学生网络模型与多尺度频谱位移密集神经网络（教师网络）组成知识蒸馏网络后的声源识别实验，比较每种学生网络模型在相同教师网络下的学习效果。学生网络选用 resnet8、resnet8x4、wrn16x2、MobileNetV2、ShuffleV1，与本书设计的学生网络在 NIJ Grant 2016-DN-BX-0183 项目数据集上作对比，实验结果如表 6-8 所示。实验结果表明本书设计的轻量化

学生网络与多尺度频谱位移密集神经网络(教师网络)匹配程度最高,学生网络能够充分接收教师网络蒸馏的知识。

表 6-8　不同学生网络与多尺度频谱位移密集神经网络(教师网络)的匹配性对比

教 师 网 络	学 生 网 络	模 型 大 小	精确度/%
多尺度频谱位移密集神经网络	resnet8	337.8KB	5.3
	resnet8x4	4.9MB	51.2
	wrn16x2	5.5MB	75.1
	MobileNetV2	3.0MB	76.4
	ShuffleV1	3.7MB	82.2
	本书网络	3.5MB	83.6

本书将手机录制的 4 种模拟声源音频共 40 个样本数据应用于基础学生网络和基于知识蒸馏的声源识别学生网络两种模型中,比较这两种模型在不同数据集上的泛化能力,结果见表 6-9。实验结果表明,知识蒸馏算法提升了模型的鲁棒性,通过知识蒸馏降低模型参数大小后,学生网络具有一定的泛化能力。

表 6-9　知识蒸馏在差异性较大样本中有效性验证的消融实验数据

模　　　型	声源数据集上的识别准确度
基础学生网络	21.1%
基于知识蒸馏的声源识别学生网络	49.1%

为了证明通过知识蒸馏方式减小的声音识别网络可以部署至算力受限的嵌入式系统中,本书将学生网络部署至树莓派 4B 中,对 5 种共 10 个声源样本进行推断,记录整个声源识别方法中消耗时间及内存占用等参数,结果如图 6-26 所示。图 6-26(a)为声源识别程序的输出结果,树莓派 4B 中学生网络识别 10 个声源样本共耗时 23s,平均每个声源样本耗时 2.31s,实现了嵌入式设备的智能声源识别目标。

图 6-26(b)为声源识别方法运行的内存占用折线图。通过观察树莓派 4B 的内存占用情况可以发现,整个声音识别方法中,加载环境、图谱变换和模型推断占用了大多数时间。整个系统识别一个声源需要 2.31s,由于每段声源信号的持续时间为 2s,因此系统识别间隔为 0.31s,可以做到快速识别声源类型。

6.3.3　实验对比

为了体现两种算法在不同方面的优势,以声源为例,通过表 6-10 对两种声源

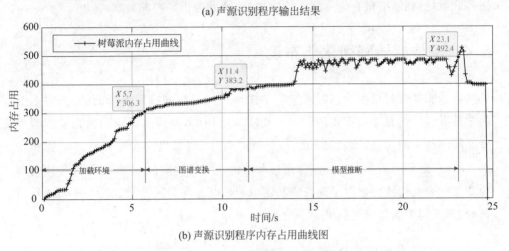

(a) 声源识别程序输出结果

(b) 声源识别程序内存占用曲线图

图 6-26　学生网络在树莓派 4B 中执行声源识别任务结果

识别算法进行对比。

表 6-10　两种声源识别算法对比数据

对比评估参数	基于迁移学习的多尺度频谱位移密集神经网络	基于知识蒸馏的声源识别学生网络
NIJ Grant 2016-DN-BX-0183 项目声源数据集下精确度	87.3%	83.6%
模型权重大小	86MB	3.5MB
模型推断速度（CPU）	4.1s	0.2s
模型推断速度（嵌入式系统）	无法部署	2.31s
游戏录制声源数据集下精确度	51.6%	49.1%

　　通过表 6-10 两种声源识别算法在不同评估参数上的表现可知,基于迁移学习的多尺度频谱位移密集神经网络和基于知识蒸馏的声源识别学生网络具有较强的鲁棒性,在不同的数据集上能够体现一定的泛化能力。其中,基于迁移学习的多尺度频谱位移密集神经网络在声源识别精确度上具有一定的优越性,其复杂的网络模型可以充分提取声源的时频特征。基于知识蒸馏的声源识别学生网络在多尺度

频谱位移密集神经网络的基础上,通过知识蒸馏算法进一步降低了网络模型的大小,同时确保了一定的识别精确度。相较于基于迁移学习的多尺度频谱位移密集神经网络,基于知识蒸馏的声源识别学生网络模型更小,识别速度更快,更适用于嵌入式系统,能够实现在嵌入式系统中快速、精确地识别声源类别。

6.4 声传感器阵列优化布设

声传感器阵列是由传感器在空间中按照不同的排列规则组成的结构,对系统的定位准确性具有至关重要的影响。在实际应用中,声传感器阵列融合了声源信号的时间与空间信息,在后续的信号处理过程中,可以进一步实现对环境噪声抑制、目标声源信号增强和目标声源定位等功能。在声源定位系统中,各种各样的声传感器阵列几何结构被用于提高声源定位的精度。阵列的性能取决于阵列的几何形状、阵元间距和传感器数量。

6.4.1 声传感器阵列的几何形状

现有的声传感器阵列结构按照阵列维度可以分为一维线型阵列、二维面型阵列和三维立体阵列。一维直线阵列结构简单,只能用于水平方向角的测量,不能确定信号垂直方向的俯仰角信息(图 6-27)。

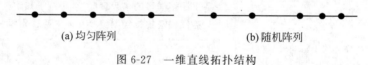

(a) 均匀阵列　　　　　　　　　(b) 随机阵列

图 6-27　一维直线拓扑结构

基于二维平面阵列的声源定位,能够获得信号的水平方位角和垂直俯仰角信息。二维平面阵列结构包括正方形、十字形、螺旋形和圆形几何形状(图 6-28)。

基于三维立体阵列的声源定位,可以获取整个空间内的声源水平方位角、垂直俯仰角和距离信息。三维阵列结构主要包括立方体、金字塔形、半球形和球面几何体(图 6-29)。

声传感器阵列基线即阵元之间的间距,在理想情况下,声音波速为 340m/s,在系统采样速率为 100kHz 时,时间分辨率为 1×10^{-5} s,则对应的最小阵元距离为 0.34cm。但在实际应用中,阵元距离太小往往会导致定位产生巨大的误差,使得

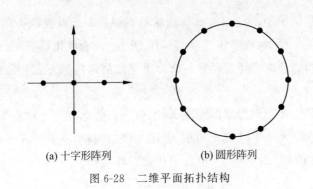

(a) 十字形阵列　　　　　　(b) 圆形阵列

图 6-28　二维平面拓扑结构

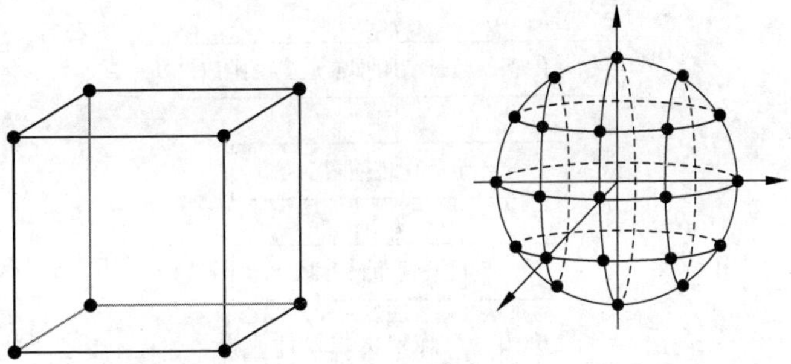

(a) 立方体阵列　　　　　　　(b) 球形阵列

图 6-29　三维立体拓扑结构

最终的定位结果失去意义。因此为了保证定位精度,阵元之间的距离通常要大于计算值。

　　阵列中传感器的数量和定位的精度有关,按照定位误差理论,传感器数量越多,系统能够识别到的信息就越丰富,定位精度会越高。要实现空间声目标的定位要求,需要增加阵列中传感器的数量,但这也会增大阵列的体积与算法的计算复杂度,不利于实时定位。

6.4.2　基于 QPSO 的声传感器阵列结构优化

　　阵列优化研究大多解决的是常规室内定位、空中目标定位、噪声源定位等问题。本书采用基于时差定位的阵列优化方法,从阵列信号处理的角度出发,提出了一种基于量子粒子群算法(quantum particle swarm optimization,QPSO)的声传感器阵列优化方法。首先基于到达时间差(time difference of arrival,TDOA)的方法建立空间声源定位模型,通过 Chan 算法求解非线性多元方程组得到声源位置;然后建立声阵列优化模型,将声传感器坐标作为粒子代入优化模型中,利用定位结果的均方根误差构造适应度评价函数;最后通过数值迭代的方式对传感器坐标进行优化。

由于阵列是由多个声传感器组成,每个传感器坐标有三个独立变量,所以本书的阵列结构优化是一个多维优化问题、采用 QPSO,利用粒子群在多维搜索空间中的优化能力,来寻找最优解[31]。声阵列优化设计流程见图 6-30。

```
┌─────────────────────────┐
│  传感器粒子空间坐标初始化  │
└─────────────────────────┘
            ↓
┌───────────────────────────────┐
│  构建传感器粒子空间搜索适应度函数  │
└───────────────────────────────┘
            ↓
┌─────────────────────────┐
│       全局优化搜索        │
└─────────────────────────┘
            ↓
┌─────────────────────────┐
│      最优几何布设方案      │
└─────────────────────────┘
```

图 6-30　声阵列优化设计流程

1. 声阵列优化模型

将参考传感器 M_1 的坐标设置为 $M_1(x_1,y_1,z_1)=(0,l_1,0)$,其他传感器 M_i 的坐标可以用传感器到阵列中心的距离 l_i、方位角 σ_i 和俯仰角 ε_i 计算,表达式为

$$M_i(x_i,y_i,z_i)=(l_i\cos\varepsilon_i\cos\sigma_i,l_i\cos\varepsilon_i\sin\sigma_i,l_i\sin\varepsilon_i) \tag{6-7}$$

其中,$i=2,\cdots,n,n$ 表示阵列中声传感器的数目。声阵列示意图如图 6-31 所示。

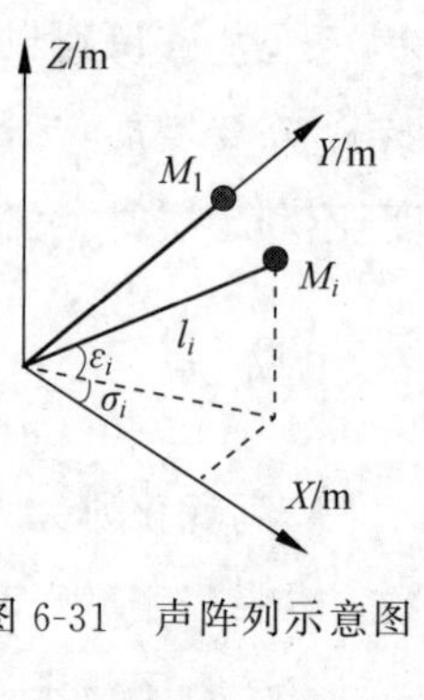

本书设计传感器到阵列中心的距离 l_i 均为 $0.11\mathrm{m}$,方向角 σ_i 的取值范围为 $[0°,360°]$,俯仰角 ε_i 的取值范围为 $[-90°,90°]$。因此传感器阵列粒子可表示为

$$p=\begin{pmatrix} x_2 & y_2 & z_2 \\ \vdots & \ddots & \vdots \\ x_n & y_n & z_n \end{pmatrix} \tag{6-8}$$

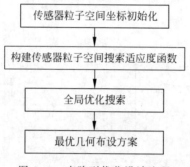

图 6-31　声阵列示意图

设粒子群规模为 N,P_j 为第 j 个粒子在搜索空间中的位置,则粒子群可以表

示为 $P = [P_1, P_2, \cdots, P_N]$。$n-1$ 个传感器坐标位置的搜索需 $3(n-1)$ 维参数空间,每个粒子的维数 $d = 3(n-1)$,表示为

$$P_j = (x_2, y_2, z_2, \cdots, x_i, y_i, z_i, \cdots, x_n, y_n, z_n), \quad j = 1, 2, \cdots, N \quad (6\text{-}9)$$

式中,x_i、y_i 和 z_i 分别表示阵列中其他传感器 M_i 的 x、y 和 z 的坐标。

适应度函数用来反映种群中个体的性能并且指导粒子搜索的方向,在阵列优化中起着至关重要的作用。为了确保传感器阵列具有全方位定位性能,使用的优化准则是:使声源测试区域内所有可能声源点的定位均方根误差平均值最小,即构造种群适应度函数如下:

$$f(P_j) = \arg\left\{\min\left[\frac{1}{N_s}\sum_{l=1}^{N_s}(\mathrm{RMSE}_l(P_j))\right]\right\} \quad (6\text{-}10)$$

式中,P_j 为传感器粒子的位置;N_s 表示声源的个数;$\mathrm{RMSE}_l(P_j)$ 表示第 l 个声源估计位置与真实位置之间的均方根误差,反映了声源定位结果的精度,具体公式为

$$\mathrm{RMSE}_l(P) = \sqrt{(x_l - \hat{x}_l)^2 + (y_l - \hat{y}_l)^2 + (z_l - \hat{z}_l)^2} \quad (6\text{-}11)$$

式中,(x_l, y_l, z_l) 为第 l 个声源真实位置;$(\hat{x}_l, \hat{y}_l, \hat{z}_l)$ 为第 l 个声源估计位置。在给定传感器数量的情况下,采用优化算法对适应度函数 $f(P_j)$ 迭代优化,求得声阵列的最优几何分布。

2. 仿真实验

为验证本书方法的有效性,构建环形声源定位模型组,在传感器数量为 8 的条件下,采用 QPSO 对声传感器阵列进行优化。仿真参数如下所示:

声源分布:设置声源带范围 $R_S = 20\mathrm{m}$,$\theta_S \in [0°, 360°]$,$H_S \in [-5, 5\mathrm{m}]$,声源 S 分布如式(6-12),传感器阵列中心与声源带的中心重合,参考传感器位置 $M_1(0, 0.11, 0)$,声源分布如图 6-32 所示。

$$S = [R_S\sin(2\pi\theta_S/360), R_S\cos(2\pi\theta_S/360), H_S] \quad (6\text{-}12)$$

信号参数:$e_{i,0}$ 为时差测量误差,假设噪声为高斯白噪声时,$e_{i,0}$ 为相互独立并服从均值为零且标准差为 $1 \times 10^{-7}\mathrm{s}$ 的高斯分布。

算法参数:粒子种群大小 $N = 50$,最大迭代次数 $T = 500$,粒子的维数 $d = 21$。初始化粒子在空间分布如图 6-33 所示。

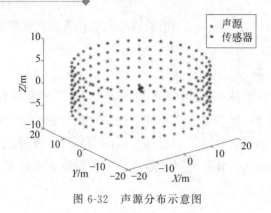

图 6-32　声源分布示意图

在 MATLAB 平台上运行基于 QPSO 的阵列优化模型,基于 QPSO 的传感器粒子在空间搜索的轨迹如图 6-34 所示。

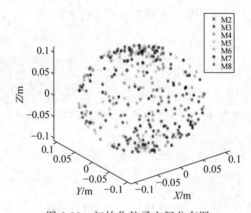

图 6-33　初始化粒子空间分布图

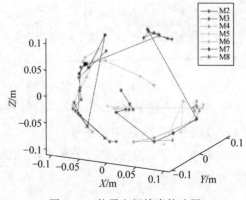

图 6-34　粒子空间搜索轨迹图

通过 QPSO 得到其他传感器的位置,图 6-35 分别显示了基于 QPSO 优化后阵列、规则立方体阵列两种阵列的拓扑结构,表 6-11 列出了两种阵列传感器的坐标信息。

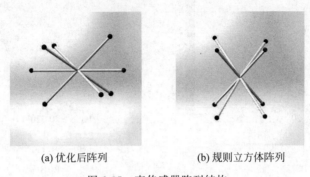

(a) 优化后阵列　　　　　　(b) 规则立方体阵列

图 6-35　声传感器阵列结构

表 6-11　传感器阵列坐标

传感器编号	优化后阵列/m	规则立方体阵列/m
M_1	$(0, 0.110, 0)$	$(0.055, 0.055, 0.078)$
M_2	$(0, 0.078, 0.078)$	$(-0.055, 0.055, 0.078)$
M_3	$(-0.067, 0.078, -0.039)$	$(-0.055, -0.055, 0.078)$
M_4	$(0.067, 0.078, -0.039)$	$(0.055, -0.055, 0.078)$
M_5	$(0, -0.110, 0)$	$(0.055, 0.055, -0.078)$
M_6	$(0.067, -0.078, 0.039)$	$(-0.055, 0.055, -0.078)$
M_7	$(-0.067, -0.078, 0.039)$	$(-0.055, -0.055, -0.078)$
M_8	$(0, -0.078, -0.078)$	$(0.055, -0.055, -0.078)$

3. 实验验证

设定声源目标位置范围 X 方向 $-20 \sim 20\mathrm{m}$,Y 方向 $-20 \sim 20\mathrm{m}$,Z 方向高为 $2\mathrm{m}$,时延估计误差 $\Delta\tau = 1 \times 10^{-7}\mathrm{s}$。选择规则立方体阵列与优化后的阵列进行定位性能对比分析,验证其定位效果。这里的评价指标主要是定位的精确性与鲁棒性,通过几何精度因子(GDOP)、克拉美-罗下界(CRLB)来体现。GDOP 分布和 CRLB 分布如图 6-36 所示。

对声源目标位置范围进行定位精度分析,可得到不同阵列下的 GDOP 和 CRLB 平均值,如表 6-12 所示。

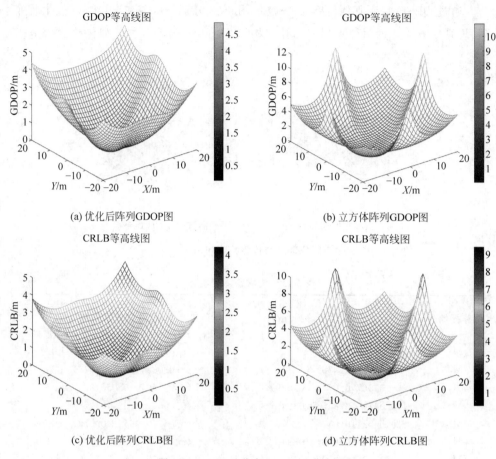

图 6-36　GDOP 分布和 CRLB 分布图

表 6-12　不同阵列定位精度

传感器阵列结构	GDOP/m	CRLB/m
优化后阵列	1.770	1.491
立方体阵列	2.521	2.188

从图 6-36 和表 6-12 可知，与立方体阵列相比，优化后阵列定位评价指标 GDOP 平均值由 2.521m 降低至 1.770m；CRLB 平均值由 2.188m 减小至 1.491m。对于定位精度分析评价指标，基于 QPSO 优化后的阵列都取得了最小值，证明了优化后阵列可以有效提高定位精度。

6.5 本章小结

本章介绍了基于知识蒸馏和迁移学习两种声源识别网络,分析了硬件部署中识别网络的加速性能,探讨了声场探测阵列最优布设方法,并进行了实验验证。

参 考 文 献

[1] Li Jian, Li Maojin, Meng Ming, et al. The on-chip D-LMS filter design method of wireless sensor node based on FPGA[J]. Shock and Vibration, 2020, 5: 1-16.

[2] Li Jian, Yan Xinlei, Li Maojin, et al. A method of FPGA-based extraction of high precision time-difference information and implementation of its hardware circuit [J]. Sensors, 2019, 19(23): 5067-5089.

[3] 李剑,韩焱,陈县辉. 一种新型地下震动传感器设计[J]. 仪器仪表学报,2013,34(11): 2458-2463.

[4] Li Jian, Li Chuankun, Liu Ying. Design of omnidirectional vibration sensor[J]. Applied Mechanics and Materials, 2013, 303: 132-136.

[5] Li Jian, Chen Xianhui, Han Yan. Design of landslide motoring and early warning system [J]. Applied Mechanics and Materials, 2014, 511: 197-201.

[6] Li Jian, Li Chuankun, Li Kun. A node design of wireless multi-mode sensor[J]. Applied Materials Research, 2014, 303: 2812-2816.

[7] Li Jian, Wu Dan, Yan Han. A missile-borne angular velocity sensor based on triaxial electromagnetic induction Coil[J]. Sensors, 2016, 5(3): 125-132.

[8] 李剑,姚金杰. 无线振动传感器网络节点设计[J]. 仪表技术与传感器,2011(10): 77-80.

[9] Li Jian, He Min, Han Yan, et al. The underground explosion point high precision measurement method based on multidimensional information fusion of vibration sensors [J]. Sensor Review, 2022, 4: 1-17.

[10] Li Jian, Zhao Feifei, Wang Xiaoliang, et al. The underground explosion point measurement method based on high-precision location of energy focus[J]. IEEE Access, 2020, 9: 89033-89041.

[11] 李剑,贺铭,韩焱,等. 基于走时-偏振角度信息的地下震源定位方法[J]. 探测与控制学报, 2020, 42(1): 29-34.

[12] 李剑,贺铭,韩焱,等. 浅层震源定位中高精度时间差测量方法[J]. 探测与控制学报, 2020, 42(2): 46-51.

[13] Li Jian, Meng Ming, Han Yan, et al. A high-precision method for extracting polarization angle under the condition of subsurface wavefield aliasing[J]. IEEE Access, 2019, 7: 89033-89041.

[14] Li Jian, Liu Ying, Han Yan. A new method to access information for underground three-dimensional vibration vector[J]. Sensor Review, 2015, 35(1): 125-132.

[15] Li Jian, Wu Dan, Yan Han, et al. A method for extracting the angle information of direct P wave beam in underground shallow explosion[J]. Sensor Review, 2017, 1(3): 325-332.

[16] 李剑,韩焱,徐丽娜. 提取初至波到时的改进能量因子算法[J]. 探测与控制学报,2015(10): 95-97.

[17] 李剑,武丹,韩焱.基于交流励磁的高旋载体转速测量传感器[J].探测与控制学报,2017(8)：54-57.

[18] Li Jian,Wu Dan,Yan Han. A PSO microseismic localization method based on group waves' time difference information［J］. Journal of Measurement Science and Instrumentation,2016(7)：95-97.

[19] 庞珂,李剑,苏新彦,等.地下震源能量场快速扫描定位算法[J].探测与控制学报,2023(4)：92-98.

[20] 赵飞飞,李剑,王小亮,等.基于变分模态分解的浅层震源聚焦定位方法[J].探测与控制学报,2022,44(1)：96-101.

[21] 王小亮,苏新彦,孔庆珊,等.基于深度学习的地下震源定位方法[J].单片机与嵌入式系统应用,2020,20(12)：45-48,52.

[22] 李冒金,李剑,刘宾,等.基于Zynq的大动态冲击波超压测试系统设计[J].国外电子测量技术,2022,41(1)：51-56.

[23] 闫昕蕾,李剑,孔慧华,等.基于压缩感知的冲击波超压场重建方法[J].电子测量技术,2022,45(2)：84-90.

[24] 孟铭,杨明,李剑,等.爆炸近场高精度P波角度提取方法[J].探测与控制学报,2020,42(1)：81-86.

[25] 中北大学.冲击波超压三维时空场重建方法：ZL202110725708.3[P].2022.9.23.

[26] 刘晓佳,李剑,刘代劲,等.基于时窗熵的冲击波到时提取方法研究[J].计算机测量与控制,2023,31(3)：281-286.

[27] 刘晓佳,李剑,孙泽鹏,等.基于三维走时的冲击波超压场重建方法[J].舰船电子工程,2023,43(1)：76-81.

[28] Li Jian,Guo Jinming,Ma Mingxing,et al. A Gunshot Recognition Method Based on Multi-Scale Spectrum Shift Module[J]. Electronics,2022,11(23)：3859.

[29] Li Jian,Guo Jinming,Sun Xiushan,et al. A Fast Identification Method of Gunshot Types Based on Knowledge Distillation[J]. Applied Sciences,2022,5：1-17.

[30] Guo Jinming,Li Chuankun,Sun Zepeng,et al. A Deep Attention Model for Environmental Sound Classification from Multi-Feature Data[J]. Applied Sciences ,2022：12：5988.

[31] 孙泽鹏,李剑,苏新彦,等.基于QPSO的微基线声阵列优化布设方法[J].国外电子测量技术,2022,41(8)：1-6.